致命的远程力量

导弹

主编◎王子安

WEAPON

汕頭大學出版社

图书在版编目（CIP）数据

致命的远程力量——导弹 / 王子安主编. -- 汕头 : 汕头大学出版社, 2012.5（2024.1重印）
ISBN 978-7-5658-0826-5

Ⅰ. ①致… Ⅱ. ①王… Ⅲ. ①导弹—普及读物 Ⅳ. ①E927-49

中国版本图书馆CIP数据核字(2012)第097935号

致命的远程力量——导弹　　ZHIMING DE YUANCHENG LILIANG——DAODAN

主　　编：王子安
责任编辑：胡开祥
责任技编：黄东生
封面设计：君阅书装
出版发行：汕头大学出版社
　　　　　广东省汕头市汕头大学内　邮编：515063
电　　话：0754-82904613
印　　刷：唐山楠萍印务有限公司
开　　本：710 mm×1000 mm　1/16
印　　张：12
字　　数：70千字
版　　次：2012年5月第1版
印　　次：2024年1月第2次印刷
定　　价：55.00元
ISBN 978-7-5658-0826-5

前　言

这是一部揭示奥秘、展现多彩世界的知识书籍，是一部面向广大青少年的科普读物。这里有几十亿年的生物奇观，有浩淼无垠的太空探索，有引人遐想的史前文明，有绚烂至极的鲜花王国，有动人心魄的考古发现，有令人难解的海底宝藏，有金戈铁马的兵家猎秘，有绚丽多彩的文化奇观，有源远流长的中医百科，有侏罗纪时代的霸者演变，有神秘莫测的天外来客，有千姿百态的动植物猎手，有关乎人生的健康秘籍等，涉足多个领域，勾勒出了趣味横生的“趣味百科”。当人类漫步在既充满生机活力又诡谲神秘的地球时，面对浩瀚的奇观，无穷的变化，惨烈的动荡，或惊诧，或敬畏，或高歌，或搏击，或求索……无数的探寻、奋斗、征战，带来了无数的胜利和失败。生与死，血与火，悲与欢的洗礼，启迪着人类的成长，壮美着人生的绚丽，更使人类艰难执着地走上了无穷无尽的生存、发展、探索之路。仰头苍天的无垠宇宙之谜，俯首脚下的神奇地球之谜，伴随周围的密集生物之谜，令年轻的人类迷茫、感叹、崇拜、思索，力图走出无为，揭示本原，找出那奥秘的钥匙，打开那万象之谜。

百发百中的制导武器，如影随形的精确打击，让敌人无处可藏，防不胜防。在现代空战兵器中，如果把近距格斗导弹比作贴身肉搏的“匕首”，把中距拦射导弹视为跃身击刺的“长剑”，那么，远程高空导弹无异于百步穿杨的“劲弩”。今天，“匕首”和“长剑”已然锋利无比，“劲弩”却仍在打造之中。

《致命的远程力量——导弹》一书针对目前导弹的基本知识、世界著名导弹以及导弹界的传奇人物等方面划分，共分为三章。第一章主要是对导弹的简要理解，介绍了导弹的起源、发展、分类以及机构等方面的知识；第二章对世界著名导弹的相关类型作了详细介绍和分析。其中包括德国的著名导弹“霍特”、俄罗斯的著名导弹“飞毛腿”等。第三章则主要介绍了导弹界的泰斗人物，如中国导弹之父钱学森等。全书系统完整，门类清楚，高度概括，对每种弹型的结构特点、性能、运用等都有详细介绍。

此外，本书为了迎合广大青少年读者的阅读兴趣，还配有相应的图文解说与介绍，再加上简约、独具一格的版式设计，以及多元素色彩的内容编排，使本书的内容更加生动化、更有吸引力，使本来生趣盎然的知识内容变得更加新鲜亮丽，从而提高了读者在阅读时的感官效果。

由于时间仓促，水平有限，错误和疏漏之处在所难免，敬请读者提出宝贵意见。

2012年5月

CONTENTS 目录

第一章　导弹的起源

第二章　导弹的分类

第三章　导弹的发展

第四章　导弹的结构

第五章　世界著名导弹

第六章　导弹界之传奇人物

第一章　导弹的起源

导弹的起源其实是与火药和火箭的发明密切相关的，没有火药火箭的发明以及不断的发展，就不会有导弹的产生。而火药与火箭最初则是由中国发明的，最早是炼丹家在炼丹过程中无意间偶然发现的火药起火的现象，后来又经过研究实践，炼丹家发现了火药的配方。后来火药的配方传入军事家手中，经过一段时间的发展，产生了火箭。于是在中国南宋时期，火箭技术开始应用于军事方面，出现了最早的军用火箭。约在13世纪时，中国火箭技术传入阿拉伯地区及欧洲国家，并在这些国家得到了更大的发展。1926年，美国第一次发射了一枚无控液体火箭。到了20世纪30年代，电子、高温材料及火箭推进剂技术的发展，为火箭武器注入了新的活力。而德国则是在此前火药火箭研究成果的基础上，研制出了最初的导弹，并且由此揭开了导弹繁荣发展的篇章。

火药的发明起源

炼丹起火启示了人们认识并发明了火药。炼丹家虽然掌握了一定的化学方法，但是他们的方向是求长生不老之药，因此火药的发明具有了一定的偶然性。

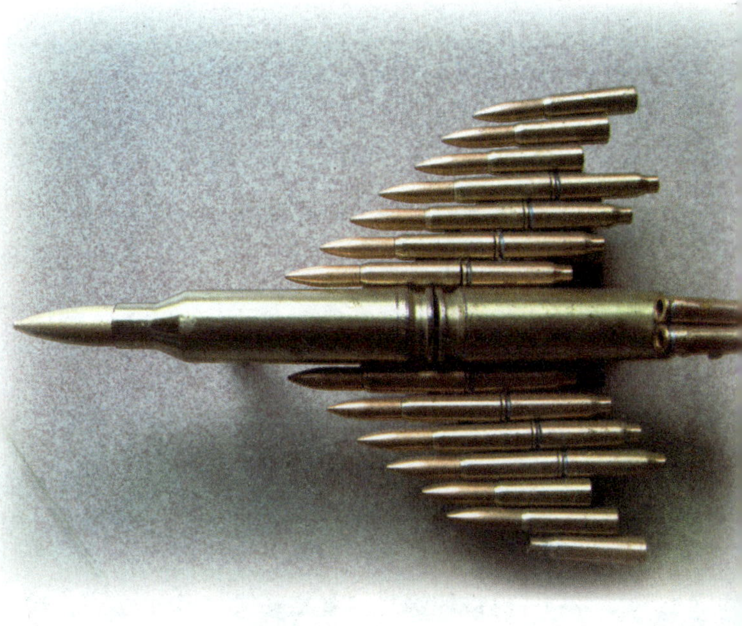

对于硫磺、砒霜等具有猛毒的金石药，炼丹家在使用之前常用烧灼的办法“伏”一下，“伏”是降伏的意思，目的是使毒性失去或减低，这种手续称为“伏火”。唐初的名医兼炼丹家孙思邈在“丹经内伏硫磺法”中记有：硫磺、硝石各二两，研成粉末，放在销银锅或砂罐子里。掘一地坑，放锅子在坑里和地平，四面都用土填实。把没有被虫蛀过的三个皂角逐一点着，然后夹入锅里，把硫磺和硝石起烧焰火。等到烧不起焰火了，再拿木炭来炒，炒到木炭消去三分之一，就退火，趁还没冷却，取出混合物，这就伏火了。

唐朝中期有个名叫清虚子的，在“伏火矾法”中提出了一个伏火的方子：“硫二两，硝二两，马兜铃三钱半。右为末，拌匀。掘坑，入药于罐内与地平。将熟火一块，弹子大，下放里内，烟渐起。”他用马兜铃代替了孙思邈方子中的皂角，这两种物质代替碳起到了燃烧的作用。

伏火的方子都含有碳素，而且伏硫磺要加硝石，伏硝石要加硫磺。这说明炼丹家有意要使药物引起燃烧，以去掉它们的猛毒。虽然炼丹家知道硫、硝、碳混合点火会发生激烈的反应，并采取措施控制反应速度，但是因药物伏火而引起丹房失火的事故时有发生。《太平广记》中记载了一个故事，说的是隋朝初年，有一个叫杜春子的人去拜访一位炼丹老人。当晚住在那里。半夜杜春子梦中惊醒，看见炼丹炉内有“紫烟穿屋上”，顿时屋子燃烧起来。这可能是炼丹家配置易燃药物时疏忽而引起火灾。还有一本名叫《真元妙道要略》的炼丹书也谈到用硫磺、硝石、雄黄和蜜一起炼丹失火的事，火把人的脸和手烧坏了，还直冲屋顶，把房子也烧了。书中告戒炼丹者要防止这类事故发生。这说明唐代的炼丹者已经掌握了一个很重要的经验，就是硫、硝、碳三种物质可以构成一种极易燃烧的药，这种药被称为“着火的药”，即火药。由于火药的发明来自制丹配药的过程中，因此火药在发明之后，曾被当做药类。《本草纲目》中就提到火药能治疮癣、杀虫，辟湿气、瘟疫。

火药不能解决长生不老的问题，又容易着火，因此炼丹家对它并不感兴趣。火药的配方由炼丹家转到军事家手里，就成为中国古代四大发明之一的火药。

火药的发展过程

中国的火药推进了世界历史的进程。恩格斯曾高度评价了中国在火药发明中的首创作用：“现在已经毫无疑义地证实了，火药是从中国经过印度传给阿拉伯人，又由阿拉伯人和火药武器一道经过西班牙传入欧洲。”火药的发明大大推进了历史发展的进程，是欧洲文艺复兴的重要支柱之一。

现代火药起源于1771年，英国的P.沃尔夫合成了苦味酸，这是一种黄色结晶体，最初是作为黄色染料使用的（注意这一点，这说明其产生并没有受到所谓“黑火药的影响”，是偶然发现的，这也是黄色火药名称的由来），后来发现了它的爆炸功能，19世纪被广泛用于军事，用来装填炮弹，是一种猛炸药。

1779年，英国化学家E.霍华

德发明了雷汞，又称雷酸汞。它是一种起爆药，用于配制火帽击发药和针刺药，也用于装填爆破用的雷管。

1807年，苏格兰人发明了以氯酸钾、硫、碳制成的第一种击发药。1838年，T.J.佩卢兹首先发现棉花浸于硝酸后可爆炸。1845年德国化学家C.F.舍恩拜因将棉花浸于硝酸和硫酸混合液中，洗掉多余的酸液，发明出硝化纤维。

1860年，普鲁士军队的少校E.郃尔茨用硝化纤维制成枪、炮弹的发射药。俗称棉花火药。至此硝化纤维火药取代了黑火药作为发射药。

1846年，意大利化学家A.索布雷把半份甘油滴入一份硝酸和两份浓硫酸混合液中而首次制得硝化甘油，硝化甘油是一种烈性液体炸药，轻微震动即会剧烈爆炸，危险性大，不宜生产。

1862年，瑞典的A.B.诺贝尔研究出了用“温热法”制造硝化甘油的安全生产方法，使之能够比较安全地成批生产。

1863年，J.威尔勃兰德发明出了梯恩梯（TNT）。梯恩梯的化学成份为三硝基甲苯，这是一种威力很强而又相当安全的炸药，即使被子弹击穿一般也不会燃烧和起爆。

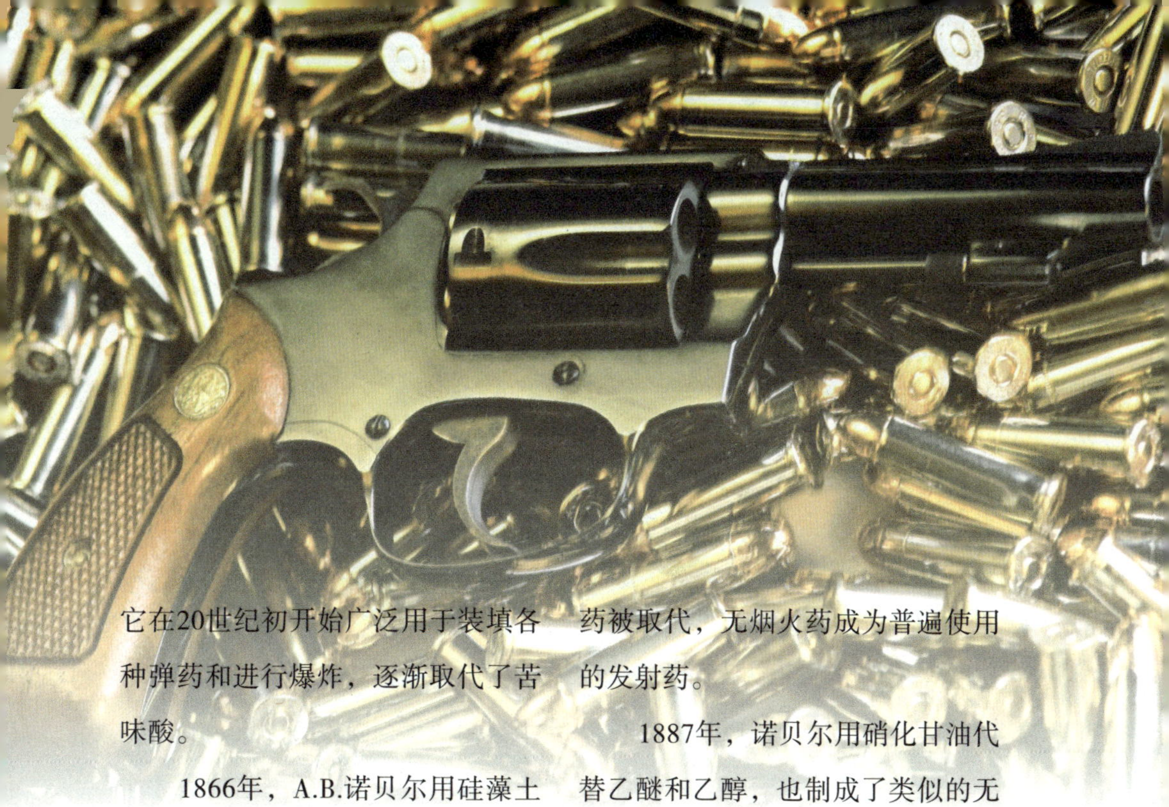

它在20世纪初开始广泛用于装填各种弹药和进行爆炸，逐渐取代了苦味酸。

1866年，A.B.诺贝尔用硅藻土吸收硝化甘油，发明出了达纳炸药。俗称黄色火药。

1872年，诺贝尔又在硝化甘油中加入硝化纤维，发明了一种树胶样的胶质炸药——胶质达纳炸药，这是世界上第一种双基炸药。

1884年，法国化学家、工程师P.维埃利发明了无烟火药。这一发明具有极重要的意义，为马克沁重机枪的发明创造了弹药方面的条件，因为依靠以前的有烟火药，产生杂质太多，会导致阻塞，是无法用于机枪子弹发射的。至此有烟火药被取代，无烟火药成为普遍使用的发射药。

1887年，诺贝尔用硝化甘油代替乙醚和乙醇，也制成了类似的无烟火药。他还将硝酸铵加入达纳炸药，代替部分硝化甘油，制成更加安全而廉价的“特种达纳炸药”，又称“特强黄色火药”。

1899年，德国人亨宁发明了黑索今，它是一种比梯恩梯威力更大的炸药。这是仅次于核武器的威力最大的炸药。从上述线索可以清晰地看出，黄火药系统是怎样一步步独立发展起来并导致了近代军事的重大变革的。在这一过程中黑火药已经逐渐被淘汰。

黑火药在欧洲长期被用于烟火

和纵火用途，也曾被用来作为枪炮的发射药，但是只能适用于中世纪的那种力量有限的原始火器，如火枪火铳滑膛枪炮，不适于作为后膛步枪，机枪等近现代枪炮的使用，而中世纪火器跟近现代枪炮也完全是两种性质的概念，从原理上、技术上、制造加工上来看二者都是完全不同的。其力量也有限，在很多时候，近代西方战争中仍然主要依靠骑兵冲锋作为制胜的手段，一直到机枪被发明出来才结束这种情况，早期前装滑膛枪并不比十字弓威力大多少，并且长期与弓弩等共存使用。我们不应该被那些夸大其词的描述所误导。

作为发射药使用的黑火药在19世纪就已经基本被淘汰了，随着无烟火药、双基火药、雷管、TNT等的出现，才产生了真正意义上的军事革命，才有了我们现代意义上的枪炮、火箭、炸弹、导弹。

知识百花园

四大发明

四大发明是指中国古代对世界具有很大影响的四种发明，即造纸术、指南针、火药、活字印刷术。此一说法最早由英国汉学家李约瑟提出并为后来许多中国的历史学家所继承，普遍认为这四种发明对中国古代的政治、经济、文化的发展产生了巨大的推动作用，且这些发明经由各种途径传至西方，对世界文明发展史也产生了很大的影响。

火箭的起源发展

火箭起源于中国，中国古代火药的发明与使用，为火箭的发明创造了条件。北宋后期，民间流行的可升空的“流星”（后称“起火”），就是利用了火药燃气的反作用力。按其工作原理，“流星”一类的烟火就是世界上最早用于观赏的火箭。南宋时期（不迟于12世纪中叶）出现了军用火箭。到了明代初年，军用火箭已经相当完善，并被用于战场，被称为“军中利器”。明初时期的兵书《火龙神器阵法》和明代晚期的兵书《武备志》等有关文献，都详细记载了中国古代火箭的制作和使用情况，仅《武备志》就记载了20多种火药火箭，其中“火龙出水”火箭已是二级火箭的雏形。

人们习惯上认为，上天要坐飞机。其实严格的说来，坐飞机并

不能真正“上天”。即使目前飞的最高的飞机也只能飞三万六千多米高。这个高度，只及地球半径的一百分之一。如果在离开地球的远处看，这简直同贴着地皮“爬”差不了多少。而且，飞机的飞行离不开空气，即便运用现今的航空技术，飞机也离不开大气层。因此，人类真正要“上天”，其实还得依靠火箭。

火箭的技术是现代化科学的尖端之一，需要许多门科学技术的互相配合。可是，你大概想不到，早在1700年前的三国时代，就有曹操的部队使用火药推动的原始火箭来阻挡诸葛亮人马的传说了。有确切文字可证明的第一枚火箭，是公元969年的宋代初期制成的。到了13世纪的元代，火箭已成为我国战争中的一种“常规武器”了，而那时候，欧洲人才刚刚知道世界上还有黑火药这种玩意儿。现代火箭的出现在20世纪。第一次实验是1926年3月16日在美国马萨诸塞州的荒野里进行的。在雪地上，戈达德博士点燃了一枚使用液体燃料的现代火箭，只听得它“轰”的一声响，火箭腾空而起。

把火箭作为导弹武器用于现代战争中，则已是第二次世界大战末期的事情了。德国法西斯为了挽救其覆灭的命运，曾向英国首都伦敦发射了8000枚秘密武器——V-1型火箭。这种原始导弹很像一架无人驾驶飞机，长8米，翼展5.5米，总重6吨，但其中的燃料却差不多有5吨。v-1火箭的射程不过240公里，时速也只有560公里，比当时的飞机快不了多少。

美国的火箭研究

罗伯特·戈达德（Goddard Robet Hutchings），是美国最早的火箭发动机发明家，被公认为现代火箭技术之父。罗伯特·戈达德出生于美国马萨诸塞州，他从1909年开始进行火箭动力学方面的理论研究，三年后点燃了一枚放在真空玻璃容器内的固体燃料火箭，证明火箭在真空中能够工作。他从1920年开始研究液体火箭，1926年3月16日在马萨诸塞州沃德农场成功发射了世界上第一枚液体火箭。

戈达德在他17岁的时候就向往火星之旅了。十年以后戈达德认识到，唯一能达到这个目的的运载工具就是火箭。从那时起，他就决定将自己献身于火箭事业。

童年的时候，戈达德就显示出对科学幻想和机械的特殊兴趣和能力。那时候他常迷恋于威尔士的科幻小说，如《星球大

战》等，也醉心于阅读凡尔纳的《从地球到月球》等作品。在他的自传中，他承认这些小说在很大的程度上激发了他的热情和想象。他认为，这些小说“完全抓住了我的想象力。威尔士奇妙的真实的心理描写使事情变得十分生动，而其所提出的面对奇迹的可能途径总是让我想个不停”。他24岁从渥切斯特技术学院毕业后进入克拉克大学攻读博士学位，这两所院校都在他的家乡马萨诸塞州。1911年他取得博士学位后留校任教。在此期间，他认识到液氢和液氧是理想的火箭推进剂，在随后的几年里，他进一步确信用他的方法一定会把人送入太空。他在实验室里第一次证明了在真空中可存在推力，并首先从数学上探讨包括液氧和

液氢在内的各种燃料的能量和推力与其重量的比值。1919年发表经典性论文《到达极高空的方法》开创了航天飞行和人类飞向其他行星的时代。他最先研制用液态燃料（液氧和汽油）的火箭发动机，1925年在他的实验室旁的小屋里，他用一台液体推进剂的火箭发动机进行了静力试验，1926年成功地进行了世界第一次液体火箭发动机的飞行。在马萨诸塞州的奥本，冰雪覆盖的草原上，戈达德发射了人类历史上第一枚液体火箭。火箭长约3.4米，发射时重量为4.6公斤，空重为2.6公斤。飞行延续了约2.5秒，最大高度为12.5米，飞行距离为56米。这是一次了不起的成功，它的意义正如戈达德所说："昨日的梦的确是今天的希望，也将是明天的现实。"

戈达德于1929年又发射了一枚较大的火箭，这枚火箭比第一枚飞得又快又高，更重要的是它带有一只气压计，一只温度计和一架来拍摄飞行全过程的照相机，这是第一枚载有仪器的火箭。1935年发射的一枚液体火箭第一次超过了声速；此外，戈达德还获得了火箭飞行器

变轨装置和用多级火箭增大发射高度的专利，并研制了火箭发动机燃料泵、自冷式火箭发动机和其他部件。他设计的小推力火箭发动机是现代登月小火箭的原型，曾成功地升空到约2千米的高度。他一共获得过214项专利。

戈达德的研究极端缺少经费，而且挑剔的舆论界也不放过这位严谨的教授。《纽约时报》的记者们嘲笑他甚至连高中的基本物理常识都不懂，而整天幻想着去月球旅行。他们称戈达德为“月亮人”。就连新闻界左右的公众也对这位科学家的工作表示怀疑和不理解，但这都不能撼动顽强的戈达德，他认为最好的办法是走自己的路，继续自己的研究，而对公众的反应保持沉默，因为他很清楚这种讥讽是不会持久的。

火箭发射成功后，报界的注意力再次集中到他身上时至少是有些赞扬的话语了。意想不到的是报界的报导引起了美国航空界先驱人物之一林白的注意。在亲自考察了戈达德的试验和计划之后，他立即设法从格根海姆基金会为戈达德筹得了5万美元，这对于极端缺少资

金而又迫切需要进行实验设计的戈达德真是雪中送炭。这时马萨诸塞州对于戈达德的计划就显得太拥挤了，于是在1930年他的全家和四个助手迁到新墨西哥州的罗斯威尔建立他的发射场。到1941年，除了短暂的中断之外，他在这里从事了在科技史上最令人瞩目的个人研究计划。

戈达德虽然成功地发射了世界上第一枚液体火箭，但最初并没有引起美国政府的重视和支持，所以到他逝世时美国的火箭技术还远远落后于德国。直到1961年苏联宇航员加加林上天后，美国才发表了戈达德30年来研究液体火箭的全部报告。在他死后，他获得的荣誉达到了顶峰。他被追授了第一枚刘易斯·希尔航天勋章，被誉为美国的“火箭之父”，美国国家宇航总局的一个主要基地被以他的名字命名为“戈达德航天中心”。

戈达德的一生却是孤独而不被人理解的，但勇敢的戈达德从不气馁，他在理论和实践上做了很多工作，向怀疑他的设想的人们表明未来的整个航天事业都将建基于火箭技术之上。他也因此而当之无愧地被称为“现代火箭之父”。戈达德度过了他坎坷而英勇的一生，他所留下的报告、文章和大量笔记是一笔巨大的财富。对于他的工作，冯·布劳恩曾这样评价过：“在火箭发展史上，戈达德博士是无所匹敌的，在液体火箭的设计、建造和发射上，他走在了每一个人的前面，而正是液体火箭铺平了探索空间的道路。当戈达德在完成他那些最伟大的工作的时候，我们这些火箭和空间事业上的后来者，才仅仅开始蹒跚学步。”

知识百花园

火药在军事上的应用

火药在军事上的应用是从中国开始的：人们发明了火药，并很快在军事上发挥了它的作用。在火药发明之前，古代军事家常用火攻这一战术克敌制胜。在火攻中常使用“火箭”，即在箭头上附着易燃的油脂、松香、硫磺等，点燃后射向敌方。但由于这种燃烧火力小，容易扑灭，所以火药出现后，人们就用火药代替上述易燃物，制成的火箭燃烧就猛烈多了。有时在火药中加上巴豆、砒霜等有毒物质，燃烧后生成的烟四处飞散，相当于“毒气弹”。但这些都只是利用火药的燃烧性能。随着火药武器的发展，逐步过渡到利用火药的爆炸性能。北宋时用于击退金兵的所谓“霹雳炮”“震天雷”等，就是以铁壳作为外壳，由于强度比纸、布、皮大得多，点燃后能使炮内的气体压力增大到一定程度再爆炸，所以威力强，杀伤力大。从利用火药的燃烧性能到利用火药的爆炸性能，这一转化标志着火药使用的成熟阶段的到来。

德国的导弹研究

20世纪30年代，电子、高温材料及火箭推进剂技术的发展，为火箭武器注入了新的活力。20世纪30年代末，德国开始火箭、导弹技术的研究，并建立了较大规模的生产基地，1939年发射了A-1、A-2、A-3导弹，并很快将研制这种小型导弹的经验应用到V-1导弹和V-2导弹上。1944年6～9月德国向伦敦发射了V-1、V-2导弹，第二次世界大战后期，德国首先在实战中使用了V-1和V-2导弹，从欧洲西岸隔海轰炸英国。V-1是一种亚音速的无人驾驶武器，射程300多公里，很容易用歼击机及其他防空措施来对付。V-2是最大射程约320公里的液体导弹，由于可靠性差及弹着点的散布度太大，对英国只起到了骚扰的作用，作战效果不大。但V-2导弹对以后导弹技术的发展起了重要的先驱作用。第二次世界大战后期，德国还研制了“莱茵女儿”等几种地空导弹，以及X-7反坦克导弹和X-4有线制导空空导弹，但均未投入作战使用。二战后，美、苏、英等国在德国技术成果的基础上，研制出了第一代实用地空导弹。

知识百花园

“莱茵女儿”

“莱茵女儿”地空导弹是由德国莱茵金属公司研制的，有R1和R3两种型号，其中R1型的动力是两级固体燃料，R3则是液体燃料带固体助推器。“莱茵女儿”弹长5.74米，射程12千米，最大射高6千米，采用无线电指令控制，翼尖带有发光装置，以方便操作人员目视遥控。从1943年开始，“莱茵女儿”一共进行了82次试射，直到1945年，德国战败已成定局，该导弹的计划才不得不在当年2月被终止，最终也没能装备部队。

第二章　导弹的分类

简单的说，导弹是一种依靠自身动力装置推进，由制导系统导引、控制其飞行路线并导向目标的武器。较之其他武器，导弹具有射程远、速度快、精度高、威力大等特点。导弹的分类方法有多种，按照作战使命不同，导弹可分为战略导弹和战术导弹；按照发射点和目标位置不同，可分为地（舰）地导弹、空地导弹、地（舰）空导弹、空空导弹和岸舰导弹等；按照结构和弹道特征，又可分为弹道导弹和飞航式导弹等。作为一种武器，导弹是一个复杂的系统，一般由导弹、地面设备、侦察瞄准系统和指挥控制系统组成。这一章我们主要来学习一下导弹的分类。

普通分类方法

按弹头所装炸药分，可分为常规导弹、核导弹。

按飞行方式分，可分为弹道导弹、巡航导弹。

按作战任务的性质分，可分为战略导弹、战术导弹。

按攻击的兵器目标分，可分为有反坦克导弹、反舰导弹、反雷达导弹、反弹道导弹导弹、反卫星导弹等。

按搭载平台分，可分为有单兵便携导弹、车载导弹、机载导弹、舰载导弹等。

按发射点与目标位置的关系分，可分为从地面发射攻击地面目标的地地导弹、从地面发射攻击空中目标的地空导弹、从岸上发射攻击水面舰艇的岸舰导弹、从空中发射攻击地面目标的空地导弹、从空中发射攻击水面目标的空舰导弹、从空中发射攻击空中目标的空空导弹、从水下潜艇发射攻击地面目标的潜地导弹、从水面舰艇发射攻击

空中目标的舰空导弹、从水面舰艇发射攻击水面舰艇的舰舰导弹、从空中发射攻击水下潜艇的空潜导弹、从水面舰艇发射攻击水下潜艇的舰潜导弹、从水下潜艇发射攻击水下潜艇的潜潜导弹、从潜艇发射攻击飞机的潜空导弹、从飞机发射攻击卫星的反卫星导弹等。

按攻击活动目标的类型分，可分为反坦克导弹、反舰导弹、反潜导弹、反飞机导弹、反弹道导弹、反卫星导弹等。

按飞行弹道分，可分为主动段按预定弹道飞行，发动机关机后按自由抛物体轨迹飞行，再入段仍按自由抛物体轨迹飞行或机动飞行的弹道导弹；主要以巡航状态在大气层内飞行的巡航导弹等。

按推进剂的物理状态分，可分为固体推进剂导弹、液体推进剂导弹。

按作战使用分，可分为打击战略目标的战略导弹、打击战役战术目标的战术导弹。

知识百花园

梯恩梯当量

梯恩梯当量是用释放相同能量的梯恩梯炸药的质量表示核爆炸释放能量的一种习惯计量。又写成TNT当量。也可用于表示非核爆炸释放的能量。核弹爆炸释放的能量，即核弹威力大小，通常用“吨梯恩梯当量”作计量单位。1000克梯恩梯炸药爆炸时释放的能量约为4.19兆焦；1000克铀235全部裂变时释放的能量约为81.9太焦，而1000克钚239全部裂变时释放的能量约为83.3太焦，都接近2万吨梯恩梯当量；1000克氘全部聚变时释放的能量约为239太焦，约6万吨梯恩梯当量。在美、苏两国的核武器库中，威力最小的核武器只有几十吨梯恩梯当量。如美国的特种核地雷，威力仅10吨梯恩梯当量左右；威力最大的核武器是苏联的55-9及其后继型55-18陆基洲际弹道导弹的核弹头，其威力高达2000万至2500万吨梯恩梯当量。1961年10月30日，苏联在新地岛上空约3660米高处，进行了威力达5800万吨梯恩梯当量的大气层核试验。

五种分类方法

按飞行方式分类

（1）弹道导弹——是指在火箭发动机推力作用下按预定程序飞行，关机后按自由抛物体轨迹飞行的导弹。这种导弹的整个弹道分为主动段和被动段。主动段弹道是导弹在火箭发动机推力和制导系统作用下，从发射点起到火箭发动机关机时的飞行轨迹；被动段弹道是导弹从火箭发动机关机点到弹头爆炸点，按照在主动段终点获得的给定速度和弹道倾角作惯性飞行的轨迹。

弹道导弹按作战使用分为战略弹道导弹和战术弹道导弹；按发射点与目标位置分为地地弹道导弹和潜地弹道导弹；按射程分为洲际、远程、中程和近程弹道导弹；按使

用推进剂分为液体推进剂和固体推进剂弹道导弹；按结构分为单级和多级弹道导弹。

弹道导弹的主要特点是：

第一，导弹沿着一条预定的弹道飞行，攻击地面固定目标。

第二，通常采用垂直发射方式，使导弹平稳起飞上升，能缩短在大气层中飞行的距离，以最少的能量损失克服作用于导弹上的空气阻力和地心引力。

第三，导弹大部分弹道处于稀薄大气层或外大气层内。因此，它采用火箭发动机，自身携带氧化剂和燃烧剂，不依赖大气层中的氧气助燃。

第四，火箭发动机推力大，能串联、并联使用，可将较重的弹头投向较远的距离。

第五，导弹飞行姿态的修正，用改变推力方向的方法实现。

第六，弹体各级之间、弹头与弹体之间的连接通常采取分离式结构，当火箭发动机完成推进任务

时，即行抛掉，最后只有弹头飞向目标。

第七，弹头再入大气层时，产生强烈的气动加热，因而需要采取防热措施。

第八，导弹无弹翼，没有或者只有很小的尾翼，起飞质量和体积大，结构复杂。

第九，为提高突防和打击多个目标的能力，战略弹道导弹可携带多弹头（集束式多弹头或分导式多弹头）和突防装置。

第十，有的弹道导弹弹头还带有末制导系统，用于机动飞行，准确攻击目标。

（2）巡航导弹——是导弹的一种。即主要以巡航状态在稠密大气层内飞行的导弹，旧称飞航式导弹。巡航状态指导弹在火箭助推器加速后，主发动机的推力与阻力平衡，弹翼的升力与重力平衡，以近于恒速、等高度飞行的状态。在这种状态下，单位航程的耗油量最少。其飞行弹道通常由起飞爬升段、巡航（水平飞行）段和俯冲段组成。

巡航导弹按作战使用可分为战略巡航导弹和战术巡航导弹；按载体不同可分为陆基车载、机载、舰（潜）载巡航导弹。按射程分近、中、远程。按飞行速度分亚音速、超音速、亚超结合等。

巡航导弹主要由弹体、推进系统、制导系统和战斗部组成。弹体外型与飞机相似，它包括壳体、弹翼和稳定面、操纵面等，通常用铝合金或复合材料制成。弹翼包括主翼和尾翼，有固定式和折叠式。为使导弹便于贮存和

发射，采用折叠式弹翼，即在导弹发射前呈折叠或收入状态，发射后，主翼和尾翼相继展开。

推进系统包括助推器和主发动机，助推器通常采用固体或液体火箭发动机。主发动机通常采用涡轮喷气发动机、小型涡轮风扇发动机，也有采用冲压喷气发动机的。战略巡航导弹多采用推重比和比冲高的小型涡轮风扇发动机；战术巡航导弹多采用涡轮喷气发动机和冲压喷气发动机。制导系统常采用惯性、星光、遥控、寻的、图像匹配等制导方式，并多以其中两种或两种以上方式组成复合制导。攻击固定目标的巡航导弹通常采用惯性－地形匹配制导。攻击活动目标的巡航导弹多采用惯性－寻的制导。战斗部有常规战斗部，也有核战斗部，通常安装在导弹的前段或中段。战略巡航导弹多携带比威力大的核战斗部。战术巡航导弹多携带常规战斗部，也可携带核战斗部。

按作战任务的性质分类

（1）战略导弹

战略导弹是指用于打击战略目标的导弹。它是战略武器的主要组成部分，通常携带核弹头。战略弹道导弹射程通常在1000公里以上，用于打击政治和经济中心、军事和工业基地、核武器库、交通枢纽等目标，以及拦截来袭战略弹道导弹。战略核导弹是衡量一个国家战略核力量和军事科学技术综合发展能力的主要标志之一。

战略导弹按发射点与目标位置分为地地战略导弹、潜地战略导弹、空地战略导弹等。地地战略弹道导弹，可采用地面固定发射、机动发射或地下井发射。潜地战略弹道导弹，采用潜艇水下发射。战略巡航导弹，可在地面、舰艇或飞机上发射；按用途分为进攻性战略导弹、防御性战略导弹（见反弹道导弹）；按飞行方式分为战略弹道导弹和战略巡航导弹；按射程分为中程导弹、远程导弹和洲际导弹。世界上一般把射程1500公里以内的导弹称为近程导弹；射程1500～3000公里的称为中程导弹；射程3000至8000公里的称为远程导弹，8000公

里以上的称为洲际导弹。中程导弹射程为 1000 ~ 3000千米，远程导弹射程为3000 ~ 8000千米，洲际导弹射程在8000千米以上。

战略弹道导弹主要由弹体、动力装置、制导系统和弹头等组成。弹体是安装弹上各部件的圆柱形承力壳体，通常选用比强度高的金属及复合材料制成。动力装置是为导弹高速飞行提供动力的装置，通常采用固体或液体火箭发动机。制导系统是导引和控制导弹飞行的装置，通常采用惯性制导、星光–惯性制导等。弹头是摧毁目标的装置，主要由壳体、核装药及引爆装置组成，有的还带有突防装置。战略巡航导弹的组成与战略弹道导弹所不同的是：弹体上安装有弹翼；主发动机（即巡航发动机）通常采用空气喷气发动机；一般采用全程制导；战斗部（即弹头）安装在弹体内的前段或中段。

（2）战术导弹

战术导弹是指用于毁伤战役战术目标的导弹。其射程通常在1000

千米以内，多属近程导弹。它主要用于打击敌方战役战术纵深内的核袭击兵器、集结的部队、坦克、飞机、舰船、雷达、指挥所、机场、港口、铁路枢纽和桥梁等目标。战术导弹种类繁多。有打击地面目标的地地导弹、空地导弹、舰地导弹、反雷达导弹和反坦克导弹；打击水域目标的岸舰导弹、空舰导弹、舰舰导弹、潜舰导弹和反潜导弹；打击空中目标的地空导弹、舰空导弹和空空导弹等。这些导弹采用的动力装置有固体火箭发动机、液体火箭发动机和各种喷气发动机。战术导弹的弹头（战斗部）有普通装药弹头、核弹头和化学、生物战剂弹头等。20世纪50年代以后，常规战术导弹曾在多次局部战争中被大量使用，成为现代战争中的重要武器之一。

按发射点与目标位置的关系分类

（1）地地导弹

地地导弹是指从陆地发射攻击陆地目标的导弹。第二次世界大战末期德国使用的V－1和V－2导弹是最早问世的地地导弹。而后，地地导弹性能不断提高，种类不断增多。按飞行弹道可分为地地弹道导弹和地地巡航导弹；按作战使用可分为地地战略导弹和地地战术导弹；按射程可分为地地洲际导弹、地地远程导弹、地地中程导弹和地地近程导弹。发射方式有地面发射或地下发射，热发射或冷发射，固定发射或机动发射，垂直发射、水平发射或倾斜发射等。攻击的目标可以是地面点（硬）目标或地面（软）目标，也可以是地面固定目

标或地面机动目标。在现代局部战争中，已多次使用“飞毛腿”等地地战术导弹。

中国的地地导弹主要是地对地的地地导弹、巡航导弹、以及地对地的反坦克导弹。目前，最受外界瞩目的是地对地的战术弹道导弹。在地对地的战术弹道导弹当中，M族导弹名声较大，原因是：其一，中国在对台湾的恐吓性军事演习中使用了M族导弹；其二，M族战术导弹广泛地出口给中东国家；其三，M族导弹的战术性能较好，有的M族导弹在战术性能上属于世界一流，例如M-9和M-18导弹。M族弹道导弹主要是四个型号：M-7、M-9、M-11、M-18。这四种导弹的射程分别为：二百公里、六百公里、三百公里、一千公里。从M族导弹的射程上看，它们已经构成了完整的战术战役导弹系列。M族弹道导弹是中国陆军武力的重要组成部分。

（2）地空导弹

地空导弹是指从陆地上发射，用来拦截飞机、导弹等空中目标的导弹武器。其作战火力单元一般由导弹、发射装置、搜索探测设备、制导设备、指挥控制设备和技术保障设备等组成。由于作战任务、战斗性能、使用原则和所用技术等方面的不同，地空导弹系统的具体组成和构造差别很大，简单的可由单兵携带，有的可装在一辆单车上，复杂的至少需要几辆、甚至十几或几十辆车装载。

导弹是整个地空导弹武器系统的核心，一般由弹体、弹上制导装备、战斗部和动力装置等组成。地空导弹种类繁多，各国分类方法和标准也不尽相同，按射程可分为远程、中程、近程和短程；按射高分为高空、中空、低空和超低空四类；按地面机动性分为固定、半固定、机动式三种，其中机动式又分为自行式、牵引式和便携式地空导弹等。世界上最早的地空导弹，是德国在第二次大战后期研制的“莱茵女儿”、“龙胆草”、“蝴蝶”、“瀑布”等导弹，但均未投入使用。战后，美、苏、英等国在德国技术成果的基础上，于20世纪50年代后研制出第一代实用地空导弹。1958年10月7日，中国人民解放军空军地空导弹部队在华北地区用地空导弹一举击落了台湾国民党空军的美制RB-58D型高空侦察机。这是世界上首次用地空导弹实战击落敌机。世界上第一种单兵肩射防空导弹是美国的“红眼睛”式，它于1962年首次发射，1966年装备部队。它长仅1.22米，重8.17公斤，一个人扛在肩上即可操作发射。它采用光学瞄准，红外线跟踪制导，主要用于对付低空飞行目标。

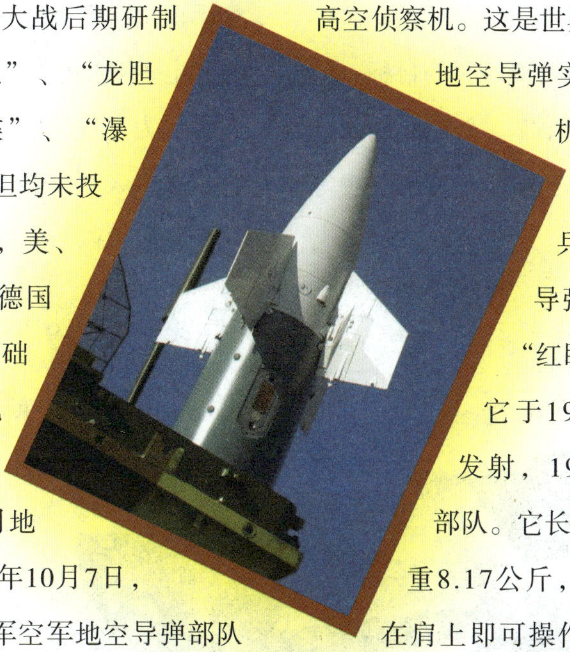

（3）空面导弹

空面导弹所对付的目标，如主战坦克、装甲车、舰船、面面导弹发射装置和面空导弹发射装置等，尺寸越来越小，隐身性和机动性也越来越好，因而也越来越难以识别。这些目标的防御手段也在不断改进，如采用了光电和电子对抗措施以及近程防空导弹等。为了适应这些变化，空面导弹正在引入双模导引头以便能够探测静止的和移动的目标。

随着防空系统作战能力的不断提高，导弹载机面临的危险越来越大，仅仅依靠低空快速飞过目标区上空已不能保证载机的安全，必须要求导弹在防区外发射来保护载机。早先的空面导弹一般采用固体火箭发动机，显然难以满足这一要求，因此目前大都改用冲压喷气发动机或涡轮喷气发动机。

空面导弹的载机布局也在不断改变，隐形飞机的出现要求采用内部载带的武器，无人作战

飞机需要更小和更轻的武器。这就要求研制更小、更轻的战斗部以及效能更好的固体推进剂、尺寸更小的冲压喷气发动机和涡轮喷气发动机。

目前的空面导弹可分为如下4类：进行战场支援的空面导弹，用于攻击装甲车、军队和机动防空导弹系统；反舰导弹；执行对陆攻击的空面导弹，作战目标为机场、港口、基础设施、固定防空设施以及指挥控制设施；反雷达导弹，用于攻击地面或舰船雷达目标。

战场支援型空面导弹要求有较远的防区外射程，能够全天时、全天候作战，攻击精度高，附带破坏小。即使是近程空面导弹系统（过去的射程一般为5公里），在载机低空发射时，也要求加大射程。原来射程较远的空面导弹，其射程也在不断增大，从10公里提高到约50公里。双模导引头和自动目标识别法也正在研制之中，以帮助空面导弹确定运动和静止目标位置，克服电子和红外干扰。

将来用空面导弹作战时，还需要进行作战评估，以确定攻击的目

标是否正确，而且该目标是否已被有效地摧毁。目前已有一些方案，如在空面导弹后面100米处拖曳一个带照相机的小吊舱，将导弹命中目标的照片传回给载机；齐射两枚空面导弹，其中第二枚在攻击自己的目标之前确定第一枚导弹的命中效果。此外，强击直升机和在空中游弋的无人机也正在用作空面导弹发射平台。直升机可以飞得很低，很容易绕过山包和树林，自我保护能力强；无人机则可以飞临战场区域上空等待目标出现。

（4）空空导弹

空空导弹是从飞行器上发射攻击空中目标的导弹，是歼击机的主要武器之一，也用作歼击轰炸机、强击机、直升机的空战武器。此外

从理论上讲它也可以作为加油机、预警机等军用飞机的自卫武器。

与地地导弹、地空导弹相比，空空导弹具有反应快、机动性能好、尺寸小、重量轻、使用灵活方便等特点。与航空机关炮相较，具有射程远、命中精度高、威力大的优点。它与机载火控系统、发射装置和检查测量设备构成空空导弹武器系统。

空空导弹分为近距格斗导弹、中距拦射导弹和远距拦射导弹。近距格斗导弹多采用红外寻的制导，射程一般为几百米至20千米，最大过载30～40克，主要用于近距格斗，具有较高的机动能力。中距拦射导弹多采用半主动雷达寻的制导，也有采取主动雷达末制导的（如AIM-120、R-77等），具有全天候、全方向作战能力。射程一般约为数十千米到上百千米。远距拦射导弹射程可达到上百千米甚至数

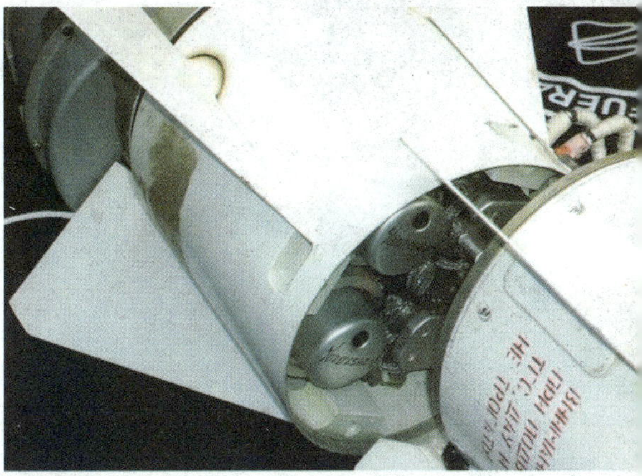

百千米。

空空导弹主要由制导装置、战斗部、动力装置和弹翼等部分组成。制导装置用以控制导弹跟踪目标，常用的有红外寻的、雷达寻的和复合制导等类型。战斗部用来直接毁伤目标，多数装高能常规炸药，也有的用核装药。其引信多为红外、无线电和激光等类型的近炸引信，多数导弹同时还装有触发引信。动力装置用来产生推力，推动导弹飞行，空空导弹多采用固体火箭发动机。目前和未来的一些新型空空导弹（如“流星”）采用冲压喷气发动机，具有更好的机动性。弹翼用以产生升力，并保证导弹飞行的稳定。空空导弹与机载火力控制、发射装置和测试设备等一起构成了空空导弹武器系统。

（5）潜地导弹

潜地导弹分为潜地弹道导弹和潜地巡航导弹。

第一，潜地弹道导弹多用固体火箭发动机作动力装置，采用惯性制导或天文加惯性制导，携带核弹头。核弹头有单弹头、集束式多弹头和分导式多弹头，爆炸威力达到数万吨至百万吨梯恩梯（TNT）当量，射程为1000～10000余千米。导弹装在潜艇中部的垂直发射筒内，每艘潜艇一般有12～14具发射筒，每具装一枚导弹。潜艇在水下机动时，导航系统能为导弹发射连续提供有关艇位、航向、航速和纵横倾角等数据，通过射击指挥系统随时计算出每枚导弹的射击诸元，并将其装订到导弹制导计算机内，迅速完成导弹发射准备。发射时，导弹靠燃气蒸汽或压缩空气弹出艇外，导弹出筒后，在水中上升，出水前或出水后导弹发动机点火，按预定弹道射向目标。

第二，潜地巡航导弹通常用空气喷气发动机作动力装置，采用惯性加地形匹配复合制导，且携带的核弹头的威力较高。它可借助潜艇内的鱼雷发射管或专用发射筒发射，当导弹出水升到一定高度时，弹翼自动张开，火箭助推器脱落，空气喷气发动机工作，使导弹转为水平巡航飞行。

按攻击活动目标的类型分类

（1）反坦克导弹

反坦克导弹是用于击毁坦克和其他装甲目标的导弹，与反坦克火炮相近，它具有射程远，精度高、威力大、重量轻等特点。

1943年，纳粹德国陆军为了抵挡苏联红军强大的坦克优势，在空军X-4型有线制导空空导弹方案的基础上，研制了专门打坦克的X-7型导弹。1944年9月，X-7基本研制成功，但未及投入使用就战败投降了。1946年，法国的诺德-阿维什公司开始研制反坦克导弹，1953年前后研制成功了SS-10型反坦克导弹，并在1956年的阿尔利亚战场上使用。SS-10型是世界上最早装备部队，最早实战使用的反坦克导弹。此后，反坦克导弹发展很快，目前已发展到第三代。在20世纪70年代后的多次局部战争中，特别是在中东战场上，反坦克导弹以其辉煌的战绩，证明它是当今坦克等装甲车辆的最大克星之一。

反坦克导弹是第二次世界大战研制成功的小型制导武器，于20世纪50年代中期由法国率先投入使用，继而在众多国家掀起研制高潮。它的问世标志着反坦克武器从“无控”时代进入“有控”时代。历次局部战争，特别是海湾战争表明，反坦克导弹是当今最为有效的反坦克武器。半个多世纪以来，反坦克导弹经历了“四代”发展，战术技术性能显著提高，已成为世界各国反坦克武器的主体。第一代导弹需要射手同时瞄准目标并控制导弹，已被淘汰；正在服役的主要是第二、三代及其改进型，它们只要射手瞄准目标或以激光器照射目标即可；第四代绝大多数正处于研制中，“打了

就不用管”是基本特征。

（2）反舰导弹

反舰导弹是从舰艇、岸上或飞机上发射，攻击水面舰船的导弹。对海作战的主要武器。通常包括舰舰导弹、潜舰导弹、岸舰导弹和空舰导弹。常采用半穿甲爆破型战斗部；固体火箭发动机为动力装置；采用自主式制导、自控飞行，当导弹进入目标区，导引头自动搜索、捕捉和攻击目标。反舰导弹多次用于现代战争，在现代海战中发挥了重要作用。

世界上最早的舰艇导弹是苏联于20世纪50年代中期装备军队的SS-N-1型导弹，它是大型舰舰导弹，可携带常规弹头或核弹头，核弹头当量为1000吨级，主要用于攻击航空母舰等大型水上目标。但大多

数舰舰导弹是中小型的。1967年10月21日，埃及使用“蚊子”级导弹快艇发射苏制SS-N-2“冥河”式舰舰导弹，击沉了以色列“埃特拉”号驱逐舰。这是舰舰导弹击沉敌舰的首次战例。

1982年6月12日在马尔维纳斯（福克兰）群岛战争中，阿根廷发射岸基飞鱼（MM－38）反舰导弹击中英国格拉摩根号导弹驱逐舰，还用机载飞鱼反舰导弹，击沉英国谢菲尔德号导弹驱逐舰。在过去的很长一段时间内，西方国家在反舰导弹的发展方面，主要是对现有的亚音速导弹，如美国的捕鲸叉、法国的飞鱼、德国的鸬鹚、以色列的迦伯列和英国的海鹰等进行改进。改进的重点放在软件和新型导引头

的研制方面，以提高导弹在硬杀伤和软杀伤对抗环境中的生存能力。而在超音速反舰导弹的研制方面，却没有什么进展。不过，如果法德的新一代反舰导弹（ANNG）研制计划得以继续实施，这一局面可能会有所改观。

与西方国家相反，俄罗斯在反舰导弹的研制方面侧重于大型的超音速导弹，如恒星设计局的Kh31空舰导弹、彩虹设计局的3M80舰舰导弹以及Kh15空舰导弹。近来，西方国家的反舰导弹研制方向有所变化。作战目标转向对付距海岸极近的舰船，在性能方面注重发展和提高目标分辨能力、敌我识别能力、作战破坏评估能力以及使用多枚导

弹同时攻击目标的饱和防御和再次攻击能力等。

西方的导弹制造商对超音速和亚音速两种反舰导弹的优劣看法不一。瑞典的萨伯动力公司认为，超音速飞行有很多优点，它可以减小中段误差，命中概率受目标运动的影响也较小（这两项与导弹的飞行时间成正比），可提高远距离目标捕获概率，缩短目标的反应时间。而美国麦道公司却不赞成这种看法。他们认为，超音速飞行虽有上述优点，但同时也有不少缺点：超音速导弹的重量和成本增加了；由于超音速飞行，弹体气动热和热喷管使其有很明显的红外信号特征；转弯半径很大，再次攻击能力差；抗电子干扰性能较差等。例如，将飞行速度2马赫的超音速导弹与飞行速度0.8马赫的亚音速导弹相比，就抗电子干扰性能而言，超音速导弹的干扰和制导数据的可用处理时间比亚音速导弹要少60%。尽管这两种导弹对付普通干扰技术的性能差不多，但是，由于前者的飞行速度是后者的两倍多，因此其信号和

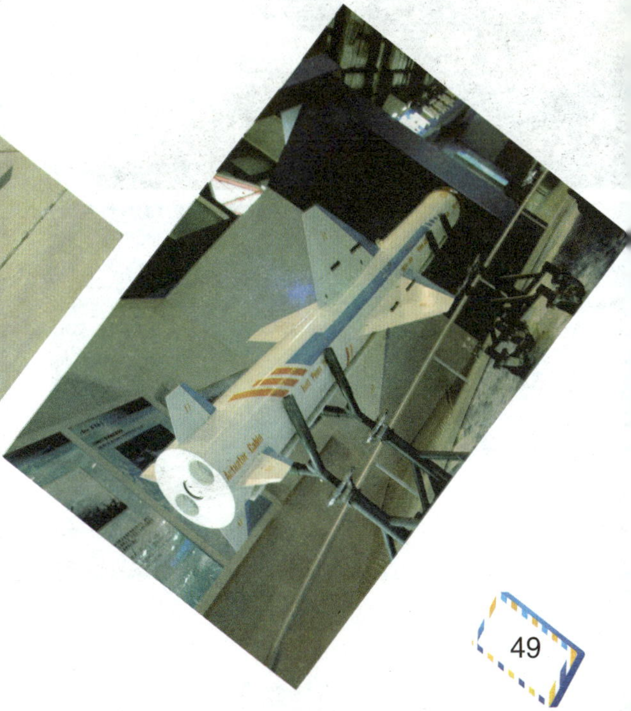

制导数据处理速度必须也要快两倍多。如果做不到这一点，超音速导弹的抗干扰性能就比不上亚音速导弹。

（3）反雷达导弹

反雷达导弹是指利用敌方雷达的电磁辐射进行导引，摧毁敌方雷达及其载体的导弹。又称反辐射导弹。它与机载或舰载探测跟踪、制导、发射系统等构成反雷达导弹武器系统。通常有空地反雷达导弹、舰舰反雷达导弹等。

反雷达导弹由弹体与弹翼、战斗部、动力装置、制导装置等组成。战斗部用普通装药，由触发或非触发引信起爆。动力装置一般用固体火箭发动机。制导方式多采用被动式雷达寻的制导或复合制导。多数反雷达导弹的发射重量为数百千克，射程在100千米以内。最早的反雷达导弹，是美国1964年装备的百舌鸟导弹。随后，苏、法、英等国也研制和装备了反雷达导弹。现代反雷达导弹正向着增强抗干扰能力，提高导引头性能，增大射程和威力，能利用多种电磁辐射源进行导引和攻击的方向发展。

（4）反弹道导弹

反弹道导弹是指用于拦截敌方来袭弹道导弹的导弹。又称反导弹导弹。它与多种地面雷达、数据处理设备和指挥控制通信系统等，组成防御战略弹道导弹的武器系统。简称反导系统。它是国家战略防御系统的重要组成部分。

反弹道导弹导弹按拦截空域，分为高空拦截导弹和低空拦截导弹。前者用于对来袭弹道导弹飞行到大气层外时实施拦截；后者用于对来袭弹道导弹进入目标上空时实施拦截。反弹道导弹导弹主要特点是反应速度快、命中精度高。其中，高空拦截导弹受到普遍重视。实战时，可单独部署使用，也可两者配合部署使用，以提高其拦截概率。反弹道导弹导弹主要由战斗

部、推进系统、制导系统、电源系统和弹体等组成。

反弹道导弹导弹主要由战斗部、推进系统、制导系统、电源系统和弹体等组成。

战斗部是直接毁伤目标的有效载荷。大多采用核爆炸装置，用在大气层外拦截来袭弹道导弹时，主要依靠核爆炸释放的x射线，穿透来袭弹头的烧蚀层，破坏其防热层，进而烧毁其内部的核装药；用在大气层内拦截时，主要依靠核爆炸释放出的中子流、γ射线和强大的冲击波等综合毁伤效应，摧毁来袭弹头。随着反弹道导弹导弹命中精度的提高，有的战斗部已采用常规装药或无装药的高速飞行的精确制导弹头，以近炸或直接碰撞方式毁伤来袭弹头。

推进系统是使导弹获得一定飞行速度的动力装置。一般采用推力大、启动时间短的固体火箭发动机。为了获得良好的飞行加速性，通常由火箭主发动机和火箭助推器组成推进系统，能产生100克以上的加速度。当拦截来袭机动弹头时，反弹道导弹导弹的末级发动机，一般采用推力和方向均可控制的固体火箭发动机，也可采用能多次启动和调整推力的液体火箭发动机。

制导系统是导引和控制导弹准确命中目标的装置。通常采用无线电指令制导系统。

电源系统是保证导弹各系统正常工作的能源装置。

弹体——是连接、安装弹上各分系统，承受各种载荷并具有良好的气动外形的结构体。一般由2级或3级弹体组成，还有弹翼和操纵稳定面，以保证导弹稳定飞行和改变飞行方向的需要。通常采用锥柱形或全锥形的结构样式，以轻型耐烧蚀、高强度的金属或非金属材料制成。为了能够对来袭弹道导弹进行全方位拦截，反弹道导弹导弹多采用导弹发射井发射，并配有重新装填、快速发射的装置。为提高其生存能力，也有的采取机动配置方式。

（5）反卫星导弹

反卫星导弹是指使用导弹攻击环绕地球轨道的人造卫星武器系统。用于摧毁卫星及其他航天器的导弹。可以从地面、空中或太空发射，能自动发现和跟踪目标，通过

引爆导弹核弹头或导弹常规弹头将目标击毁，也可利用导弹弹头直接碰撞目标。飞弹可以由地面或者是水面的发射平台发射，或者是由航空或者是太空飞行器在运到较高的高度之后发射。反卫星飞弹针对的是军用卫星，尤其是在低轨道上的侦查，电子情报搜集以及海洋侦测卫星等等。

目前在环绕地球轨道中部署反卫星武器的行动没有任何一个国家公开或是正面承认，然而包括美国与俄罗斯等有能力发射人造卫星的国家都可能掌握相关的技术或者是系统。

20世纪60年代初期至70年代中期，美国即研究和试验利用核导弹反卫星的可行性，并一度部署过雷神反卫星系统。1978年9月，美国开始反卫星导弹的研制工作。美国的机载反卫星导弹，长5.4米，直径0.5米，质量1196千克。它由两级固体火箭发动机和寻的拦截器组成。1981年美

国空军完成了机载反卫星导弹的地面试验。1984年开始进行空中发射的飞行试验。1985年9月13日，首次成功地用反卫星导弹击毁一颗在500多千米高轨道上的军用实验卫星。这种反卫星导弹本身形体小而不易被探测，采用精确制导技术，具有灵活机动、反应迅速、生存能力强、命中精度高、发射费用低等优点。对轨道高度低于1000千米的航天器有较强的攻击力。1989年初，美国国防部已批准把大气层外弹头拦截系统作为其反卫星导弹的重点研究项目。

按搭载平台分类

（1）单兵便携导弹

单兵便携导弹是地空导弹系列中体积最小、重量最轻、射程最近、射高最小的一种轻型防空武器，主要配备于作战地域前沿或重要设施的防空区域，主要打击对象是低空、超低空飞行的战斗机、攻击机、轰炸机和武装直升机。

什么是低空、超低空飞行？低空飞行是指1000米以下，超低空飞行则指10～100米高度。低空和超低空多在雷达盲区之内，地形较为复杂，利于飞机、直升机隐蔽接敌。同时，由于地空导弹的最小射高和射程往往难以覆盖这一区域，从而为敌机突防留下了一块空白区域。20世纪70年代以来，越南战争、中东战争、马岛战争和海湾战争中都成功地利用了低空、超低空突防的战术，有人将之称为“一树之高”的进攻战术。越南战争中，1972年以前，平均每10枚地空导弹就能击落一架来袭的美军飞机；1972年以后，由于采用了低空、超低空突防战术，平均每130枚地空导弹才能击落一架飞机。1967年6月5日，以色列上百架飞机以掠海面10米的高度飞过地中海，又巧妙地利用地形地物在雷达盲区中飞行，直奔埃及的9个军用机场，结果300架战斗机被击毁于地面。海湾战争中，F-117A战斗机以50米高度飞临目标上空投弹，从而大大提高了激光制导炸弹的命中精度。

（2）机载导弹

“机载反卫星导弹”是美国国防部和空军航空系统司令部空间分部主管、沃特公司研制的机载反

低轨道卫星的空对天导弹。由F-15载机在万米以上的高空对着目标发射，利用自动寻的装置高速撞击目标来将其击毁。

该武器系统70年代初开始探索研究，1976年正式研制，1983年3月23日美国总统里根提出战略防御计划后，便成为该计划的一个组成部分。1985年9月13日进行了首次太空打靶试验。1988年开始装备，总费用约为36亿美元（不包括飞机和地面各种设备）。研制费用为13亿美元，空军计划购买134枚导弹（其中12枚为研制试验弹）。如果按1984年的美元值来计算的话，每颗导弹的单价大约为735万美元。

（3）舰载导弹

舰载导弹一般都是反舰、反潜和防空三种，既不是巡航导弹也不弹道导弹巡航导弹射前输入目标诸元，发射后导弹在飞行过程中根据地图、坐标进行匹配，进而向着目标的方向而去，所以巡航导弹打的一般都是陆上的固定目标。而弹道导弹是重反大气层武器，弹道一般都是抛物线的，打的也基本上是陆地上的战略目标。舰载导弹从功能上与前两种导弹有本质的区别，射程方面来看不如前面两种导弹那么远。舰载导弹一般是战术层面上的，而巡航和弹道已经是战役和战略层面上的武器了。

舰载导弹垂直发射技术经过30多年的发展，目前已有较为成熟的垂直发射系统，例如美国的MK 41、俄罗斯的“利夫”和“克里诺克”、法国的“席尔瓦”、北约的MK 48和英国的“海狼”导弹发射装置等等。自20世纪70年代以后，美国和苏联两个世界军事强国在其新服役的主要作战舰艇中率先装备了垂直发射系统，例如，80年代初开始服役的苏联“无畏”级导弹驱逐舰装备了“克里诺克”舰空导弹垂直发射系统，美国80年代中后期服役的“提康德罗加”级“宙斯盾”巡洋舰装备了MK 41型垂直发射系统。由于垂直发射具有发射率高、储弹量大、全方位发射、通用性好、生存力强等诸多优点，顺应了现代战争对武器装备在多目标交战、瞬时快速反应、全方位发射、抗饱和攻击等综合能力的基本要求，越来越多国家的海军开始关注并且认可它的优势潜力，也积极研发或是引进装备垂直发射系统，目前法国、英国、意大利、以色列、加拿大、西班牙、日本、澳大利亚、韩国的海军舰艇也都装备或打算装备垂直发射系统，因此，垂直发射将成为舰载导弹未来的主要发射方式。

从发展趋势看，随着更多的设计新理念和先进技术的植入，新一代垂直发射系统的结构设计较之前的要更加合理、功能更趋强大、性能更加完善、适装性更好。

第三章　导弹的发展

导弹自从第二次世界大战中问世以来，受到了各国的高度关注，并且得到了很快的发展。导弹的使用，改变了过去战争的规模，对现代战争产生了巨大而深远的影响。导弹技术是现代科学技术的高度集成，它的发展既依赖于科学与工业技术的进步，同时又推动科学技术的发展，因而导弹技术水平成为衡量一个国家军事实力的重要标志之一。

第二次世界大战后到20世纪50年代初这段时间是导弹的早期发展阶段。各国从德国的V-1、V-2导弹在第二次世界大战的作战使用中都已经意识到导弹在未来战争的巨大作用。美、苏、瑞士、瑞典等国在战后不久，都恢复了自己在第二次世界大战期间已经进行的导弹理论研究与试验活动。英、法两国也分别于1948和1949年重新开始导弹的研究工作。自20世纪50年代初起，导弹得到了大规模的发展，出现了一大批中远程液体弹道导弹及多种战术导弹，并相继装备了部队。从60年代初到70年代中期，由于科学技术的进步和现代战争的需要，导弹进入了改进性能、提高质量的全面发展时期。自70年代中期以来，导弹进入了全面更新阶段。20世纪80年代末以来，世界形势发生了巨大变化。新的国际形势、新的军事科学理论、新的军事技术与工业技术成就，都为导弹武器的发展开辟新的途径。20世纪90年代末21世纪初，美、俄两国服役的部分洲际弹道导弹性得到了很大提高。军事武器的不断更新，使得未来战场对导弹武器的研究也提出了更高要求。

导弹的早期发展阶段

弹道式地地导弹是发展最迅速的一类导弹，20世纪40年代后期，美国和苏联分别用德国的器材装配了一批V-2导弹做试验，并着手提高它的射程和制导精度。20世纪50年代出现了一批中程和远程液体导弹，这批导弹的特点是采用了大推力发动机，多级火箭，使射程增加到几千公里，核战斗部的威力达到于几百万

甚至上千万吨梯恩梯（TNT）当量，已成为一种极具威慑力的武器。但由于氧化剂仍是液氧，制导系统的精度还不很高，导弹还是在地面发射的，地面设备复杂，发射准备时间长，生存能力不高。所以这批导弹只解决了有无问题，还不是有效的作战武器。60年代改用了可贮存的自燃液

体推进剂或固体推进剂，制导系统使用了较高精度的惯性器件，发射方式改为地下井发射或潜艇发射。这些变动简化了武器系统，缩短了反应时间，提高了生存能力，使导弹成为可用于实战的武器。此后，导弹技术集中到多弹头导弹的发展，一个导弹运载几个甚至十几个子弹头，每个子弹头可以瞄准各自的目标。这样，不用增加导弹的数量，就能大幅度增加弹头的数量，极大提高了突破反导弹防御体系的概率，

越难以保证自身的安全。采用加固的办法可以在一定程度上解决生存能力低的问题。机动发射方式效果更好一些较小的导弹多采用机动发射。大型多弹头导弹比较笨重，陆地机动发射会遇到许多困难。一些国家转而研制便于机动发射的小型单弹头洲际导弹。

增加了受到一次打击以后生存下来的弹头数，也给打击更多的目标提供了可能。多弹头分导的技术基础是高精度制导系统和小型核装置的研制成功。美国首先于1970年在“民兵”Ⅲ导弹上实现了带3个子弹头，随后美、苏在新研制的远程导弹上都采用了这项技术。随着进攻性导弹精度的提高和侦察能力的完善，从固定基地发射的导弹越来

导弹的全面发展阶段

20世纪60年代初到70年代中期，由于科学技术的进步和现代战争的需要，导弹进入了改进性能、提高质量的全面发展时期。战略弹道导弹采用了较高精度的惯性器件，使用了可贮存的自燃液体推进剂和固体推进剂，采用地下井发射和潜艇发射，发展了集束式多弹头和分导式多弹头，大大提高了导弹的性能。巡航导弹采用了惯性制导、惯性-地形匹配制导和电视制导及红外制导等末制导技术，采用效率高的涡轮风扇喷气发动机和比威力高的小型核弹头，大大提高了巡航导弹的作战能力。战术导弹采用了无线电制导、红外制导、激光制导和惯性制导，发射方式也发展为车载、机载、舰载等多种，提高了导弹的命中精度、生存能力、机动能力、低空作战性能和抗干扰能力。

20世纪70年代中期以来，导弹进入了全面更新阶段。为提高战略导弹的生存能力，一些国家着手研究小型单弹头陆基机动战略导弹和大型多弹头铁路机动战略导弹，增大潜地导弹的射程，加强战略巡航导弹的研制。发展应用“高级惯

性参考球”制导系统，进一步提高导弹的命中精度，研制机动式多弹头。以陆基洲际弹道导弹为例，从1957年8月21日苏联发射了世界第一枚SS-6洲际弹道导弹以来，世界上一些大国共研制了20多种型号的陆基洲际弹道导弹。30多年来经历了3个发展阶段。在此期间，战术导弹的发展出现了大范围更新换代的新局面。其中几种以攻击活动目标为主的导弹，如反舰导弹、反坦克导弹和反飞机导弹，发展更为迅速，约占70年代以来装备和研制的各类战术导弹的80%以上。

面对尖锐激烈的国际斗争环境，为了维护国家的独立与领土完整，为了自卫，中国自20世纪50年代末开始研制导弹。经过20多年的努力，1966年10月27日进行了首次导弹核武器试验，1980年5月18日成功地发射了洲际弹道导弹，1982年10月成功地发射了潜地导弹，1999年8月2日发射了新型车载远程地地战略弹道导弹。中国已经研制并装备了不同类型的中远程、洲际战略弹道导弹，以及其他多种类型的战术导弹。

导弹发展的高峰阶段

导弹自在第二次世界大战中问世以来，受到了各国的普遍重视，得到了很快发展。导弹的使用，使战争的突然性和破坏性增大，规模和范围扩大，进程加快，从而改变了过去常规战争的时空观念，给现代战争的战略战术带来巨大而深远的影响。导弹技术是现代科学技术的高度集成，它的发展既依赖于科学与工业技术的进步，同时又推动科学技术的发展，因而导弹技术水平成为衡量一个国家军事实力的重要标志之一。

另外，导弹技术还是发展航天技术的基础。自1957年10月4日苏联发射世界上第一颗人造地球卫星以来，世界各国已研制成功150余种运载火箭，共进行了4000余次航天发射活动。火箭的近地轨道运载能力从第一颗人造卫星的83.6千克发展到100×10千克以上；火箭的飞行轨道从初期的近地轨道发展到太阳系深空间轨道。以运载火箭为主要支撑的航天技术已发展成为

一种新兴高技术产业，它是人类对外层空间环境和资源的高级经营，是一项开拓比地球大得多的新疆域的综合技术，它不仅为人类利用开发太空资源提供技术保障，而且还为人类现代文明的信息、材料和能源3大支柱作出开拓性贡献，给世界各国带来了巨大的政治、社会与经济效益。因此，当今

世界的航天技术领域已成为各技术先进的大国角逐的重要场所。综观世界各国航天技术发展史，几乎都是与液体弹道导弹技术的发展紧密相关的。苏联发射世界上第一颗人造地球卫星的运载火箭，是由SS-6液体洲际弹道导弹改装成的，以后又在此基础上逐步发展了“东方”号、“联盟”号和“能源”号等运载火箭，在航天活动中取得了巨大成功；美国发射第一颗人造地球卫星的运载火箭，也是以“红石”液体弹道导弹为基础改制成的，以后又在“雷神”、“宇宙神”、“大力神”等液体弹道导弹的基础上发展了“雷神”、“宇宙神”、“大力神”、“德尔塔”等系列运载火箭。西欧诸国早期联合研制的“欧洲”号火箭，也是以英国的“蓝光”液体弹道导弹为基础，直到20世纪80年代又发展研制成功“阿里安”系列运载火箭。同样，中国的“长征”系列运载火箭也是在液体弹道导弹的基础上发展起来的。

导弹发展的未来前景

20世纪80年代末以来，世界形势发生了巨大变化。新的国际形势，新的军事科学理论（包括新的战争理论），新的军事技术与工业技术成就，必将为导弹武器的发展开辟新的途径。未来的战场将具有高度立体化（空间化）、信息化、电子化及智能化的特点，新武器也将投入战场。为了适应这种形势的需要，导弹正向精确制导化、机动化、隐形化、智能化、微电子化的更高层次发展。战略导弹中的洲际弹道导弹的发展趋势是：采用车载机动（公路和铁路）发射，以提高生存能力；加固固定发射提井，以提高抗核打击能力；提高命中精度，以直接摧毁坚固的点目标；采用高性能的推进剂和先进的复合材料，以提高“推进-结构”水平；寻求反拦截对策，并在导弹上采取相应措施。20世纪90年代末和21世纪初，美、俄两国服役的部分洲际

弹道导弹性能将得到很大提高。战术导弹的发展趋势是：采用精确制导技术，提高命中精度并减少附带伤害；携带多种弹头，包括核弹头、多种常规弹头（如子母弹头等）和特种弹头（如石墨战斗部），提高作战灵活性和杀伤效果；既能攻击固定目标也能攻击活动目标；提高机动能力与快速反应能力；采用微电子技术，电路功能集成化，小型化，提高可靠性；采用新型发动机以提高导弹的机动性和打击的突然性；实现导弹武器系统的系列化、模块化、标准化；简化发射设备，实现侦察、指挥、通信、发射控制、数据处理一体化。

第四章　导弹的结构

导弹由于其巨大的杀伤力和高昂的造价，普通人是很难接触到的。因而一般人对导弹的内部结构都充满了好奇，到底这种武器是怎样运作或者说是怎样制作出来的，为何它会拥有如此令人心惊胆战的巨大威力的呢？如果光从导弹的外部结构上来看，导弹的结构看起来似乎并不是那么复杂。大体上来讲导弹是由战斗部、动力装置、制导设备和弹体四部分组成的无人驾驶飞行器。但是越是看似简单的东西往往内部都有着非常复杂的结构。比如弹头的结构，弹头所装炸药的种类及威力；动力装置的结构；制导装置有哪几种方式以及弹体的具体结构又是怎样的，这些都是我们平时无法得知的。这里我们就来一一了解一下，看看其中蕴含着怎样复杂的奥秘。

战斗部（弹头）

战斗部（弹头）是导弹用于毁伤目标的专用装置，亦称导弹战斗部。它由弹头壳体、战斗装药、引爆装置和保险装置等组成。有的弹头还装有控制、突防装置。战斗部可分为常规战斗部和核战斗部。

战斗装药是导弹毁伤目标的能源，可分为核装药、普通装药、化学战剂、生物战剂等。引爆系统用于适时引爆战斗部，同时还保证弹头在运输、贮存、发射和飞行时的安全。弹头按战斗装药的不同可分为导弹常规弹头、导弹特种弹头和导弹核弹头，战术导弹多用常规弹头，战略导弹多用核弹头。核弹头的威力用梯恩梯（TNT）当量表示。每枚导弹所携带的弹头可以是单弹头或多弹头，多弹头又可分为

集束式、分导式和机动式。战略导弹多采用多弹头，以提高导弹的突防能力和攻击多目标的能力。

动力装置

导弹上的动力装置是用于推进导弹飞行的装置。导弹上的动力装置由发动机、推进剂输送系统等组成。发动机可分为火箭发动机和空气喷气发动机两大类。

动力装置推进系统是按一定导引规律将导弹导向目标、控制其质心运动和绕质心运动以及飞行时间程序、指令信号、供电、配电等的各种装置的总称。其作用是适时测

量导弹相对目标的位置，确定导弹的飞行轨迹，控制导弹的飞行轨迹和飞行姿态，保证弹头（战斗部）准确命中目标。

制导装置

制导装置的任务是控制导弹的飞行方向、姿态、高度等，使导弹能稳定和准确地飞向目标。制导装置由探测机构、控制机构和执行机构组成。

导弹制导系统是用于构成导弹外形、连接和安装弹上各分系统且能承受各种载荷的整体结构。为了提高导弹的运载能力，弹体结构质量应尽量减轻。因此，应采用高比强度的材料和先进的结构形式。导弹外形是影响导弹性能的主要因素之

一。具有良好的气动外形，对于巡航导弹以及在大气层内飞行速度快、机动能力强的战术导弹，要求更为突出。导弹制导系统有4种制导方式：

自主式制导

制导系统装于导弹上，制导过程中不需要导弹以外的设备配合，也不需要来自目标的直接信息，就能控制导弹飞向目标。如惯性制导，大多数地地弹道导弹采用自主式制导。

寻的制导

由弹上的导引头感受目标的辐射或反射能量，自动形成制导指令，控制导弹飞向目标。如无线电寻的制导、激光寻的制导、红外寻的制导。这种制导方式制导精度高，但制导距离较近，多用于地空、舰空、空空、空地、空舰等导弹。

遥控制导

由弹外的制导站测量，向导弹发出制导指令，由弹上执行装置操纵导弹飞向目标。如无线电指令制导、无线电波束制导和激光波束制导等，多用于地空、空空、空地导弹和反坦克导弹等。

复合制导

在导弹飞行的初始段、中间段和末段，同时或先后采用两种以上制导方式的制导称为复合制导。这种制导可以增大制导距离，提高制导精度。

导弹制导精度是导弹制导系统的主要性能指标之一，也是决定导弹命中精度的主要因素。打击固定目标时，导弹命中精度用圆概率偏

差（CEP）描述。它是一个长度的统计量，即向一个目标发射多发导弹，要求有半数的导弹落在以平均弹着点为圆心，以圆概率偏差为半径的圆内。打击活动目标时，导弹的命中精度用脱靶距离表示，即导弹相对于目标运动轨迹至目标中心的最短距离。

弹 体

弹体是用于安装弹上各分系统的承力整体结构。它把动力装置、制导装置和战斗部有机地连成一体。弹体要有良好的气动外形，足够的强度，最轻的质量等。

弹体结构系统是为导弹飞行提供推力的整套装置，又称导弹动力装置。它主要由发动机和推进剂供应系统两大部分组成，其核心是发动机。

导弹发动机有很多种，通常分为火箭发动机和吸气喷气发动机两大类。前者自身携带氧化剂和燃烧剂，因此不仅可用于在大气层内飞行的导弹，还可用于在大气层外飞行的导弹；后者只携带燃烧剂，要依靠空气中的氧气，所以只能用于在大气层内飞行的导弹。

火箭发动机按其推进剂的物理状态可分为液体火箭发动机、固体火箭发动机和固—液混合火箭发动机。吸气喷气发动机又可分为涡轮喷气发动机、涡轮风扇喷气发动机以及冲压喷气发动机。

此外，还有由火箭发动机和吸气喷气发动机组合而成的组合发动机。发动机的选择要根据导弹的作战使用条件而定。战略弹道导弹因其只在弹道主动段靠发动机推力推进、发动机工作时间短、且需在大气层外飞行，应选择固体或液体火箭发动机；战略巡航导弹因其在大

气层内飞行，发动机工作时间长，应选择燃料消耗低的涡轮风扇喷气发动机（也可以使用冲压喷气发动机）。战术导弹要求机动性能好和快速反应能力强，大都选择固体火箭发动机。但在空面导弹、反舰导弹和中远程空空导弹里也逐步推广使用涡喷/涡扇发动机和冲压喷气发动机。

第五章　世界著名导弹

虽然火药火箭都是中国人最早发明的，但是火箭技术以及导弹技术的巨大发展却是经过世界其他国家的一代一代科学家不断努力研究所得到的。西方国家的导弹技术一度远远超过我们中国，并且在历史上许多大大小小的战争中，导弹的应用更为导弹技术的更新发展提供了大量丰富的实验资料，因而出现了越来越先进的导弹。世界上许多国家都有各自著名的导弹，也都拥有其他国家无法掌握的导弹技术，当然这其中也包括我们中国。现代中国早已不是以前那个闭关锁国的落后国家，经过很多杰出科学家的不懈努力，中国的导弹技术已经达到了世界领先水平，已经成为了真正意义上的军事强国。

德国著名导弹

“V-2”

早在第一次世界大战期间，德国和美国就分别研制和试验过无人驾驶的双翼飞行鱼雷，但它们没有制导装置，一般认为世界第一枚导弹是德国的V-1型飞弹。德国从1932年开始为新的侵略战争研究导弹武器。V-1飞弹在第二次世界大战期间研制成功，1944年6月13日首次实战发射攻击英国南部地区。V-1外形像是一架小飞机，以喷气发动机为动力，装有700公斤普通炸药。射程370公里，其制导系统很简陋，只有自主式磁性陀螺和一套机械装置对飞行高度、状态和弹道进行控制。因而也有人不把它看作是真正的导弹，认为它只是无人飞机型炸弹，他们认为世界上第

一种真正的导弹是德国的V–2型导弹。

V–2的主要设计师是著名的火箭专家冯·布劳恩。V–2于1942年10月3日试飞成功，1944年9月6日首次实战使用，轰炸了法国首都巴黎。V–2装有单级液体火箭发动机，装有800公斤普通炸药，射程为320公里，采用无线电遥控制导方式。

“霍特”

“霍特”是法德研制的第二代重型反坦克导弹。于1964年研制成功，1977年开始装备部队。它采用目视瞄准、红外半自动跟踪、导线传输指令制导方式。弹径136毫米，弹重23千克，射程4000米，垂直破钢甲800毫米。1982年开始发展“霍特”–2，战斗部直径136毫米增至150毫米。目前正在发展“霍特”–2T，将采用串联战斗部，以对付反应装甲。

“罗兰特”

“罗兰特”是法德联合研制的低空近程防空导弹，共有I、II、III三种型号。I型1964年研制，1976年装备法军；II型1966年研制，80年代初装备法军。在马岛战争和两伊战争中，阿根廷和伊拉克都使用了“罗兰特”II型导弹。全武器系统由导弹、制导与发射装置载车组成。弹径163毫米，弹重63千克（II型71）。采用三点导引法指令制导，全部地面制导设备和导弹发射装置都装在一辆机动车上。

俄罗斯著名导弹

“白杨”-M

1997年12月25日，驻扎在俄萨拉托夫州塔季谢沃村著名的塔曼导弹师开始装备第一批2枚“白杨”-M井下发射式洲际导弹系统，俄罗斯称该导弹为PC-12M型导弹，并起了一个绰号为“白杨”-M。北约称其为SS-X27（或SS-27）。俄罗斯国防部长伊

尔·谢尔盖耶夫元帅和战略火箭军总司令雅科夫列上将亲自主持了“白杨”-M正式加入试验性战备值班仪式，俄总统叶利钦也专门发来贺电。一次导弹装备部队的仪式缘何引起如此关注呢？

“白杨”-M的研制背景：1997年是俄罗斯战略火箭军建设史上重要的一年。1997年7月，军事

航天力量和防空军所属的导弹空间防御部队开始并入战略火箭军，自11月1日起，合并后的战略火箭军正式遂行战备值班任务。该军种是俄罗斯战略核力量的基础，它拥有约60%的运载工具和核弹头，可执行约50%的核还击以及约90%的核还击-迎击任务。目前，战略火箭军拥有756枚陆基洲际弹道导弹，其中PC-20导弹（SS-18）186枚，PC-18导弹（SS-19）60枚，PC-22导弹（SS-24）48枚，PC-12导弹（SS-25）360枚，SS-27导弹2枚（1997年12月25日首次装备部队的“白杨”-M导弹系统）。

俄罗斯的战略火箭军在近些年来虽然成功进行了10多次战略导弹的试射，但存在的问题仍然很严重。俄战略火箭军总司令雅科夫列

夫承认，有50%的导弹系统已值班了15~18年，大大超过了安全期。此外，他还表示，大部分洲际弹道导弹是在乌克兰制造的，现在执行战备任务的6种战略导弹有5种产自乌克兰，这与俄罗斯的核大国地位不相符。为加强俄罗斯战略武器装备研制和生产的独立性，俄罗斯必须独立研制战略导弹系统。

目前，全世界都在走武器装备通用化和一体化之路，战略武器系统当然也不例外。俄罗斯战略火箭军也希望像海上核力量那样只保留一种导弹系统，以便最大限度地符合时代要求。俄担负战备值班任务的战略导弹系统曾有11种之多，这在武器装备的使用和维护等方面都造成了很多问题。

美国和俄罗斯是当今世界上最大的两个核大国，而且美国也从未放弃首先使用核武器的许诺。虽然美俄两国都已宣布自己的核武器不在对准对方，但谁都明白，只需30秒钟，双方就可重新锁定对方的战略目标。在这种情况下，研制和

使用拥有快速反应能力且可进行快速飞行的战略导弹系统显得尤为重要。而俄罗斯的“白杨”-M导弹系统就是在这种背景下研制和发展出来起来的。

“飞毛腿”

飞毛腿导弹（Scud）是一个已经被大众接受了的词汇，是指苏联在冷战时期开发并被广泛出口的一系列的战术弹道导弹（战术弹道导弹）。这个名称是从“北约官方名称”（NATO reporting name）SS-1飞毛腿得来的，是西方的情报局将“飞毛腿”这个词与一种导弹联系起来的。这种导弹的俄国名字是R-11（第一个版本）和R-300 Elbrus（后来的一个版本）。飞毛腿这个名字被媒体等不止用做这两种导弹，而且还指别的国家根据苏联原型广泛发展的许多种导弹。偶然地，在美国，飞毛腿被泛指为任何国家的不是从西方原型发展出来的弹道导弹。

所有飞毛腿改型皆源自德国的V-2火箭（就像绝大多数美国的早期导弹与火箭一样）。伊拉克改型提升了射程，但代价是精确度。如同其他一些导弹一样，飞毛腿导弹的军事优势在于它便于被TEL导弹车运输。这样的机动性提供了发射位置的选择权，也增增加了武器系统的生存机会（更有甚者，在海湾战争中

盟军飞行员和特种部队声称摧毁了约100座发射台，后来却没有一例可以被证实）。

飞毛腿导弹（包括派生物）是少数在实战中被使用的弹道导弹之一，发射总数仅次于V-2火箭（地堡-U是唯一其他“盛怒之下”发射的弹道导弹）。除

了海湾战争以外，飞毛腿导弹还曾被用于一些地区冲突，最显著的是在阿富汗的苏联军队，以及伊朗和伊拉克的所谓“城市战争”。后者发生在1988年，作为对伊朗的导弹袭击巴格达的回应，伊拉克向伊朗发射了190枚飞毛腿导弹，这也许促成了一个对伊拉克而言更加有利的和平谈判。1994年的也门内战，1996年及之前俄罗斯部署在车臣的军队，也使用了少数的飞毛

腿导弹。

装备有飞毛腿-B的国家有：阿富汗、亚美尼亚、阿塞拜疆、白俄罗斯、保加利亚、格鲁吉亚共和国、哈萨克斯坦、利比亚、波兰、斯洛伐克、土库曼斯坦、乌克兰、阿拉伯联合酋长国、越南和也门。刚果民主共和国和埃及除飞毛腿-B之外，还购买了飞毛腿-C。叙利亚已得到了飞毛腿-D，伊拉克的侯赛因导弹也具备相当于飞毛腿-D的射程。

“日炙”

SS-N-22“日炙” 该导弹（3M-80）的北约代号为SS-N-22“日炙”（Sunburn），又称“白蛉”3M-80E，是由俄罗斯彩虹设计局在20世纪70年代后期开始研制的，采用了独一无二的组合冲压发动机技术，是世界上第一个使用整体式组合冲压发电机的实用型超音速反舰导弹。

性能参数：弹长9.385米；直径0.76米，翼展2.11米，发射重量3950千克，推力2.10千牛，战斗部300千克（半穿甲），有效装药量为150千克，有效射程120千米，巡

航速度大于2.3马赫，巡航高度20米。

“日炙”导弹武器系统由导弹、舰载火控系统、技术支援系统组成。该导弹的弹体全部由钛合全构成，以适应高速飞行（大于2.3马赫）时所产生的气动加热，并留有一定的热强度贮备。该导弹动力装置采用俄罗斯（原苏联）独有的内含可脱落助推器的液体冲压组合发动机。它将常现液体冲压发动机与固体火箭发动机巧妙结合，技术简单可靠。四个半圆形进气道位于导弹中部，助推器置于发动机燃烧室中。发射后，助推器将导弹加速至冲压发动机的工作速度，而后，燃烧完的助推器脱落，此时整体式液体冲压发动机中可折叠火焰稳定器展开，进气道挡板破碎，开始进气，点火器点火，发动机开始工作。制导方式为发射后不管，采用自控（自动驾驶仪）、无线电高度表及主被动复合雷达未制导。在自控段采用自动驾驶仪，既能满足控制精度要求又可降低成本。无线电高度表的测量误差很小，低空飞行高度波动仅为0.5-1米。未制导雷达采用主动（波长2厘米）、被动（波长3厘米）复合制导体制。被动雷达在飞行中不断接收目标辐射信号，用以修正飞行弹道。当主动雷达捕捉到目标后，导弹转入主动雷达制导，

波导引头可抗多种干扰及6级海杂波。雷达作用距离较远，天线搜索范围宽。该导弹的发射方式为固定箱式发射，发射扇面为±60度。发射箱固定安装在舰艇上，内有空气调节系统，允许多次发射，经维修后可继续使用。

导弹装填的过程是利用一个前置式延伸支架与发射架对接，然后将导弹吊至支架，再滑入发射箱，完成装填。该导弹有较好的可靠性及可使用性，上舰完好率高，使用维护简单且保存期较长，处于作战状态的导弹可在舰上存放一年以上，而且到期后还可再延寿以保证使用。其钛合金弹体能满足“三防”要求（防水、防潮湿、防盐雾），可在恶劣的环境条件下使用。火技系统“现代”级驱逐舰装有8个“日炙”导弹发射装置，布置在舰两舷。作战时目标数据送至导弹指挥仪，指挥仪解等射击诸元，通过射检发控台分两路控制导弹发射，导弹火技系统可对导弹进行目标分配。指挥员在确定攻击目标后，通过发往台装走导弹导引头搜索角及风速、风向，此时可随时发射导弹导弹发射后的延迟数秒起飞。齐射间隔为5秒。技术支援系统除导弹采用自动化测试设备以外，技术阵地还配置有检测、运输、装填、加注等车辆，以完成导

弹测试、装填、加注、运输等任务。整个测试由计算机控制，通过检查站、机件站、目标模拟器对多个参数进行自动检查。检查时间15分钟，检查结果如各种参数、偏离允许值百分数和超差值等则通过打印机输出。

“萨姆-2”

“萨姆-2”（SA-2）苏联编号C-75，是第一代中、高空防空导弹，20世纪60年代曾以击落U-2侦察机而闻名于世，越南战争时期也击落过不少B-52轰炸机。这种导弹战斗部威力很大，最大射高30公里，最大射程50公里。可以威胁到高空飞行的目标。

但从总体上看其技术已经落后了：由于采用的是液体发动机，作战准备时间长，效能低；导弹操作过程复杂，反应速度慢，抗干扰性能差；发射架是固定式的，每个发射架一次只能发射一枚导弹，由于过于笨重，很难改成自行

式的。作战中一般3枚导弹才能射击一个目标。

很多国家对SA-2进行了改进，特别是雷达系统和制导系统，提高了其抗干扰能力和作战反应速度。但是由于战场机动困难，作战准备时间长，SA-2的战场生存能力仍然很低。

伊拉克拥有100部SA-2防空导弹发射架，可以编20~30个连。鉴于该导弹的缺陷，伊拉克已经把部分SA-2导弹改成射程150公里内的“萨默德”地对地导弹，后来伊拉克被迫销毁了这批导弹。1959年10月7日，中国空军地空导弹部队用“萨姆-2”导弹，击落了在北京上空侦察飞行的国民党空军侦察机RB-57D，这是世界上第一个用地空导弹击落飞机的战例；此后，中国空军地空导弹部队又陆续用“萨姆-2”导弹击落了国民党U-2高空侦察机5架，在“萨姆-2”地空导

弹的战斗史上写下了光彩的一笔。

“萨姆-2”是一种全天候、中程、防中高空导弹的武器系统，其最大射程为54千米，最大射高为34000米，是当时打击中高空飞机最理想的武器。

1960年5月1日，苏联用“萨姆-2”击落一驾U-2高空无人战略侦察机，而该机以实用升限两万米以上著称，全世界共有7架U-2被击落，全部是“萨姆-2”所为。

越南战争期间，美军出动B-52等作战飞机数万架次狂轰滥炸，为了打击美军飞机，越南装备了近30个营的苏制“萨姆”第一、二代地空导弹。据不完全统计，在1964年8月至1968年11月间的4年时间里，美军损失了915架飞机，其中94.85%是被“萨姆-2”等地空导弹击落的。1972年12月18日，美军在越南实施地毯式轰炸，结果有30架B-52轰炸机被击落，其中29架是“萨姆-2”击落的。

“安泰”

“安泰-2500”（Antey-2500）地空导弹系统是俄罗斯安泰科学生产联合体在S-300V地空导弹系统基础上研制出的新一代反导与反飞机防御系统，它是一种既能有效对付射程达2500千米的弹道导弹、又能拦截各种飞机和巡航导弹的综合性防空武器系统。“安泰-2500”

系统采用了俄罗斯“革新家”设计局研制的9M82M和9M83M型导弹，这两种导弹分别是S-300V导弹系统使用的9M82和9M83型导弹的改进型，它们保留了原导弹的重量及外形特性，制导方式及作战模式。但改进型射程更远，对付各种战术和战役战术弹道导弹及巡航导弹的效能进一步提高。同时，9M82M和9M83M导弹的机动性也大大提高，因此能摧毁高机动目标。这两种导弹都采用固体推进剂，两者的区别是第一级推进段的大小不同，飞行速度及射程覆盖范围不同。

9M82M型导弹用于消灭战术、战役战术导弹和中程弹道导弹以及200千米内的飞机。导弹在所有飞行段都是可控的。9M83M型导弹用于消灭近程、中程战术与战役战术导弹以及飞机。一个“安泰-2500”地空导弹营包括一个营部和4个地空导弹连、营指挥部有一辆9S15M2型全景扫描雷达车，一辆9S19M型扇形区域扫描雷达车和一辆9S457M型指挥车。每个地空导弹连配备有一辆9S32M型多通道导弹引导雷达车，6辆带4套横列式发射管（各搭载4枚

9M83M型导弹）的9A83M型发射车和6辆带2套发射管（各塔载2枚9M82M型导弹）的9A84M型发射装填车。

“安泰-2500”防御系统可用于：

（1）执行国土防空任务

“安泰-2500”用于保卫国家政治经济中心、首脑机关、军事要地、交通枢纽和其他重要目标免遭敌轰炸机、歼击轰炸机、对地攻击机、巡航导弹乃至弹道导弹的打击。在必要的情况下，它还可以与国家军队和武器控制系统实现一体化，也就是与其他执行国土防空任务的武器系统配套。它能同时拦截24架飞机（包括隐身）或16枚以4500米/秒的速度飞行、有效反射面积0.02平方米的弹道导弹。

（2）执行野战防空任务

“安泰-2500”系统本身就是一个小范围的机动式战术预警与指挥控制系统，它能在世界任何地区的任何军事冲突中独立作战，抗击敌作战飞机对地面部队及战役纵深重要军事设施的空袭，拦截敌武装直升机、对地攻击机和空地战术导弹。

由此可见，目前世界上还没有其他能与“安泰-2500”这种能拦截射程2500千米弹道导弹武器系统相提并论的武器，它是一种独一无二的战区导弹防御系统，未来能与“安泰-2500”一争高低的估计只有美国的战术导弹防御系统了。

中国著名导弹

"东风"

东风-5（DF-5）是中国研制的第一代洲际地地战略导弹，于1980年5月18日全程飞行试验成功。导弹全长32.6米，弹径3.35米，起飞重量183吨，采用二级液体燃料火箭发动机，发射井发射，最大射程12000公里、15000公里（东风-5A），可携带1枚3000公斤的威力为300~400万吨梯恩梯（TNT）当量的核弹头，或4~5枚分导核弹头（东风-5A），命中精度500米。它是能打击美国全境，也是目前我们威胁美国的主要战略导弹，其中有一项很先进的技术就是"小动量空间火箭技术"，意思就是采用这种技术的弹道导弹可以在空间"跳一段舞"避开拦截导弹的拦截。目前拥有这项技术的只有中国，俄罗斯和美国。

东风-31（DF-31）是中国研制的第二代远程地地战略导弹，于1995年5月29日试射成功。导弹全长13.4米，弹径2.2米，起飞重量17吨，采

用三级固体燃料火箭发动机，公路机动发射和发射井发射，最大射程8000公里。可携带1枚700公斤的威力为100万吨梯恩梯（TNT）当量的热核弹头或3枚威力为9万吨梯恩梯（TNT）当量分导热核弹头，命中精度300米。

东风-25（DF-25）中程地地战略导弹是中国最先进的第二代战略导弹之一，中国的第二代战略导弹包括DF-21、DF-25、DF-31、DF-41及JL-2潜射导弹，这些导弹全部以机动发射，可带核弹头/常规弹头/分导弹头，导弹命中准确而且战场存活系数高。东风-25是在原东风-21基础上改进的，才装备军队不久，是最先进中程地对地战略导弹，其有效射程为3200公里，在中国本土发射可覆盖亚洲大部分地区，包括美军太平洋关岛基地。其采用高能固体火箭推动，弹头舱能够携带3~6枚分导式核弹头，是目前世界上唯一能够携带多枚弹头的中程导弹。

东风-21（DF-21）是中国在巨浪-1号潜地导弹基础上发展的第二代中程地地战略导弹，于1985年5月20日试射成功，1989年定型。导弹全长10.7米，弹径1.4米，起飞重量14.7吨，采用二级固体燃料火箭发动机，公路机动发射，最大射程1800公里，2700公里（东风-21A）。可携带1枚600公斤的威力为30万吨梯恩梯（TNT）当量的热核弹头，命中精度300米。

东风-15（DF-15/M-9）是中

国研制的近程地地战术导弹，其出口型为M-9。1984年开始研制，1988计定型，1991年服役。导弹全长9.1米，弹径1米，起飞重量6.2吨，采用一级固体燃料火箭发动机，公路机动发射，最大射程600公里。可携带一枚500公斤的高爆弹头或9万吨梯恩梯（TNT）当量热核弹头，命中精度300米、100米（改良型）。

东风-11号（DF-11/M-11）中国研制的近程地地战术导弹，其出口型称M-11。1985年开始研制，1992年定型生产并出口。导弹全长9.75米，弹径0.8米，起飞重量3.8吨，采用一级固体燃料火箭发动机，公路机动发射，最大射程300公里。可携带一枚800公斤的高爆弹头或9万吨梯恩梯（TNT）当量热核弹头，命中精度300米、150米。

海基型号“巨浪”

早在2002年，瑞典斯德哥尔摩国际和平研究所就评估认为，中国正在研发“巨浪2”型潜射弹道导弹，该导弹是“东风-31”导弹的改良型。它之前曾进行了从潜艇管模拟发射导弹的试验。“巨浪2”原型弹只能打8600公里，携带3至4

枚25万吨分导式热核弹头，后经过两次比较大的改进，其带的弹头越来越多，打得也越来越远。有了这种导弹，中国的导弹核潜艇就可以在远离敌方海岸的深海展开攻击，而不必担心受到对方反潜力量的牵制。

成功试射改良后的“巨浪2”型导弹，还意味着中国已完全具备二次核打击能力，即有能力在承受敌军第一次打击后，由潜艇发动第二波核反击。美国重要智库“大西洋理事会”研究员廖文中表示，“巨浪2”型使用电罗经、惯性和GPS三种导引方式，再由内建计算机进行整合，强大的定位、导引功能远超过前一代“巨浪1”型。美军唯一的反制方式只有空中和水面的反潜巡逻，但发现的机率只有2%。台湾淡江大学战略研究所教授林中斌称，中国人民解放军具备以核武攻击美国本土的能力，就会让美国考虑介入台海时犹豫不决。而日本军事专家平松茂雄教授也指出，从这次“巨浪2”的成功试射可以看出，中国的弹道导弹开发有很大进步。

“红旗”

1979年3月，总参谋部提出研制新的低空、超低空地空导弹，以加强野战防空和要地防空能力。同年6月，国务院、中央军委正式下达研制任务，命名为“红旗”7号导弹（出口编号“飞蠓”80／FM-80）。这是中国为适应国防建设的需要，提高地空导弹的快速反应、抗干扰、对付多目标等性能而研制的一种比较先进的具有第二代武器特征的低空、超低空地空导弹武器系统。

红旗-7型是在法制“响尾蛇”导弹基础上仿制的一种全天候、低空、超低空防空导弹，1988 年设计定型，现已装备野战部队，用于替换红旗-61甲型地空导弹。该导弹有机动转移方仓和电动越野车两种载车，每个系统上装4枚筒装导弹；配用S波段脉冲多普勒搜索雷达；发射制导系统包括KU波段单脉冲雷达、电视跟踪系统、红外位标器等；采用红外、电视、雷达复合制导体制，全程无线电指令制导，有极强的抗干扰能力；可攻击各种高速飞机、直升机、空地导

个车轮上的电动机中，以驱动车轮转动。这种越野车的优点是：结构简单、无级变速、行驶平稳、加速性好、发动机功率利用充分、“动力制动”。该车还采用液气悬挂，可调节车底距地高度。极速60公里，行程500公里。

弹、巡航导弹。

该导弹系统采用的越野车是仿制法国奥特缉私—布朗公司的P4R型4X4“电传动”装甲车。由一台230马力汽油机驱动交流发电机，在经过整流器变为直流电传动到四

红旗-7野战低空防御导弹是中国现役红旗7号的改良型，在射控系统及电脑系统上都经过了大幅改良，导弹性能有所提升。

FM-90（红旗-7改良型）1995年开始研发，改良工程吸取大量

波斯湾战争的经验。整套装备由搜索指挥系统（SS）、发射导引系统（FS）、和千瓦电站和导弹四部份组成，全部可装在总重11吨的拖车上，牵引时速50公里/时，另外也有自走型。使用温度-40℃~+60℃，采用四级维护体制，平均故障修护时间（MTTR）小于30分钟，防御面积超过60平方公里，反应时间6秒，能拦射20公尺以下、最高速度500公尺、雷达反射截面小于1平方公尺的目标。

FM-90（红旗-7改良型）能以三种不同导引方式同时对付三个方向的目标，导引方式有4种：雷达、电视/雷达、红外影像/雷达、电视或红外影像手动追踪。雷达搜索距离25公里、追踪距离20公里，对巡弋导弹、空对地导弹、反辐射导弹追踪距离17公里。连发间隔时间3秒，导弹全程接受无线电指令导引，弹头为高能破片聚焦式，引信是多档电子式，装药是TNT-黑索金-玻璃纤维混合炸药。导弹有效射高15至6000公尺（FM-80是15至5000公尺），有效射程0.7至15公里（FM-80是0.5至12公里），飞行极速3马赫（FM-80是2.3马赫），但单发杀伤机率从85%至90%降为

80%。

从外型上看，FM-90与FM-80M的区别只增加了资料链的垂直天线和发射车上的红外影像镜头。其它主要改进在于，导弹发动机推力更大，因而速度更快、射程更远、机动能力更好，拦截时抗干扰能力更强，火控系统搜索、跟踪距离提高到25千米和20千米。搜索指挥车由脉冲都卜勒雷达、资料处理及显示设备、车际资料传输及话务系统、无线电和敌我识别器组成，雷达为3波段脉冲都卜勒雷达，有良好的杂波环境移动目标显示和抗干扰能力，具扫瞄及追踪功能，可为3辆发射车指示目标。发射车包括KU波段与毫米波结合的单脉冲雷达，电视和红外影像追踪系统、红外绵位置标定器、资料及显示处理设备，车际资料传输及话务系统、4联装发射筒、导弹顺序器等，其雷达具备频率捷变功能。

从性能上看，红旗-7原型（FM-80）已经超过了懈树、短剑、罗兰Ⅱ及响尾蛇，约略与后二者的改良型相当。自1990年9月17日服役以来，颇受中国陆军好评和欢迎，大幅改善了中国陆军的低空防御能力，成为苏联解体前中国第一批登上国际舞台的防空导弹。

“上游”

“上游”是中国在引进苏联的П-15反舰导弹基础上研制并装备部队所使用的第一个反舰导弹，由航空工业部所属的、作为总装厂的南昌飞机制造公司，以及兵器、电子和导弹工业部所属的几家配套工厂共同研制。1960年1月开始筹建生产线并开展仿制设计，设计代号为5081。1963年1月投入试制生产。1964年4月首枚导弹组装成功，同年底在国家导弹试验靶场通过地面发射模拟弹试验。1965年8月在海军试验基地进行了导弹快艇发射模拟弹试验。1966年10月在海军试验基地进行了国产舰舰型导弹定型试验并取得成功。1967年6月通过了国家定型委员会的审查，批准生产定型并投

入批生产，正式命名为“上游”1号导弹，编号为SY-1。批生产型导弹随后进入中国海军服役，并在该弹基础上不断改进发展，形成中国第一个包括多种型号在内的反舰导弹系列。

该弹采用与飞机相似的正常式气动外形布局，2片小展弦比的切梢三角形水平弹翼位于弹体中部，每片弹翼后部装有副翼，3片呈120°配置的切梢三角形尾翼位于弹体尾部，每片尾翼后部装有方向舵，弹体下部装有腹鳍。该弹由弹体、末制导雷达、引信、战斗部、自动驾驶仪、电气设备和动力装置组成。主动力装置为1台两级推力液体火箭发动机，工作时间150秒，两级推力分别为11760和5390牛；辅助动力装置为1台装在弹体后下方的固体火箭助推器，工作时间1.35秒，最大推力274400牛。该弹属早期第一代近距亚音速反舰导弹，性能落后，主要表现在飞行弹道高、无超低空突防能力，而且末制导雷达抗电子干扰和抗海浪性能差，因而已被其改进型号所取代。

“鹰击”

国产鹰击12反舰导弹是八五计划重点项目之一，目标是研制一种通用的高超音速反舰导弹，代替现役的鹰击八三（C803）反舰导弹。十二号弹由601、611和海军研究院，航天三院联合研制。601、611负责气动设计，由海军研究院解决制导。工程包括两个子型号第一种弹体长而宽，呈扁平装，装备超音速冲压发动机，两侧进气；巡航速度为2.2马赫，末端速度高达4.0马赫， 射程250~300公里。第二种呈圆柱体，装备超燃冲压喷气，冲压双燃烧发动机，前端进气；巡航速度为4.0马赫，末端速度高达6.0马赫；射程550~640公里。十二号弹的雷达反射截面小于等于0.2平方米，采用惯性制导，卫星导航，战斗部为250公斤常规高爆炸药，能够从飞机，水面舰支或潜艇上发射鹰击-12是我军最为自豪的导弹！

有人认为它是俄军“红宝石”系列反舰导弹的国产化，鹰击12是我军最新的导弹，技术水平在某些领域已经领先美国3~5年（比如代号为4171导弹定型任务已完成，比鹰击12理论上领先整整一代，微激光抗干扰系统+智能化卫星制导+分离假弹头+主被动二程雷达+末段入水攻击方式，每枚导弹造价380美圆左右），因造价太高未被批量生产，但部分技术已被东风31B型导弹使用。

鹰击-12和鹰击-91统属中国最新一级的攻击舰艇的导弹，但后者是仿苏型，没有像鹰击-12那样具有明显的国产特征。鹰击-12运用了中国最先进的激光技术成果，

解决了抗干扰性问题，即使在脉冲炸弹的干扰下鹰击-12的激光抗干扰系统仍然可以100公里不超过1.5米的误差（鹰击12即使在发射时就受到了敌方的干扰，按其终极射程550公里计算其误差也不过9米，况且鹰击-12末段有自动修复程序）。鹰击-12分空射、舰射和潜射三种。鹰击-12发射后飞想高度为1200米的高空后接受预警雷达的第一次目标锁定参数后，接受系统将参数发送给鹰击-12的激光制导控制系统后，鹰击-12导弹在电子地图的动态指挥下静默飞行，速度为1.5马赫，高度12~15米。当离攻击目标50海里的时候，鹰击-12分离出一枚主动式+微波热制导式空中雷达进行最后阶段制导，同时鹰击-12 导弹4玫助推导弹点火，导弹以6~8马赫的速度在上空预警雷达的指令下直击目标，攻击最后阶段战斗部脱离，即使敌方的密集阵或导弹拦截，对于每秒1360~2080米，体积不大与3立方米的战斗部也望弹兴叹。

鹰击-12同时具有较强的假弹头欺骗战术，当敌方在150公里开外发现鹰击-12后，敌方如用导弹拦截，鹰击-12旧会将其中二枚助推火箭发射进行干扰，只不过在最后的攻击阶段攻击距离缩短为25海里，导弹末端攻击速度降至为3~4马赫。

鹰击12导弹的战斗部为800公斤的超高爆炸药，这是为美国航母量身定做的。鹰击-12的潜射型其战斗部更重达1200公斤（这就是为什么鹰击-12的潜射型的射程仅有360公里的原因），一枚这样的导弹足以让一艘90000吨的航母遭受灭顶之灾！

鹰击-12导弹的射程为550公里，但是其燃料部是在发射前通过内置燃料调节器调节后调整其发射射程的，因此内置燃料调节器调节具有很好的调节协调作用，使得导弹在飞行速度、射程方面有很大的变数。

鹰击-12导弹的造价在180万美圆一枚，因此军方首批定量只有816枚（不包括潜射型），军方认为如果鹰击-12导弹的造价在每枚90万美圆左右方可大量订购。因此鹰击-12的总设计师正在考虑鹰

击-12分离出的那枚主动式+微波热制导式空中雷达的自动回收问题（这台飞行雷达造价25万美圆，鹰击-12的激光抗干扰系统造价更达58万美圆，仅这两部分占了鹰击-12 造价的46.11%）。因此军方仅仅将首批的鹰击12装到了170导弹驱逐舰号上，168、169也只能装鹰击-83反舰导弹了。空军的歼十和093核动力攻击潜艇这些高贵血统的克敌利器才能装备上鹰击-12这种我们中国人的争气弹，相信随着鹰击12的闪亮登场，将大大提高我军攻击航母编队的能力。

“红箭”

“红箭”-9的武器系统由筒装导弹、武器站、底盘车、检测维修设备和模拟训练器等组成。车载反坦克导弹系统可伴随机械化部队一起行动，随时打击出现的坦克等装甲目标。

（1）筒装导弹

筒装导弹的功能是攻击敌方坦克和装甲车辆，由引信、战斗部、弹上计算机、解码器、激光接收机、陀螺、舵机、发射和续航发动

机、弹翼机构、发射筒机电保险器等组成。为便于运输和使用，将导弹发射筒设计成具有发射和包装两项功能。导弹装在发射筒内，并装有密封、机电保险和防护机构，构成筒装导弹。

该导弹采用光学瞄准、筒式发射、电视测角、激光指令传输、三点法导引。导弹发射后，射手操纵跟踪装置将光学或红外热成像瞄准镜的十字线对准目标，制导设备可自动测量导弹相对瞄准线偏差角，形成激光修正指令，传输到导弹上，控制导弹沿瞄准线飞行并命中目标。导弹前部是两级串联空心装药破甲战斗部，其前级用于破坏装甲目标上的爆炸反应装甲，后级用于击毁坦克目标。

（2）武器站

武器站由车载观瞄控制设备（包括：潜望式光学瞄准镜、热像瞄准具、电视测角装置、制导电子箱、激光发射机、车长观察镜）和车载发射设备（包括：跟踪装置、随动装置、发控装置、升降装填装置、发射装置、液压装置）组成。其主要功能是搜索、瞄准、跟踪目标，装填发射导弹，控制导弹飞行。

（3）底盘车

该车底盘与WZ550轮式装甲车相同，为4×4全轮驱动。其战斗全重大约为13吨，车长约6米，车宽约3米，武器火线高约3.5米。

发射车动力装置的最大功率为235千瓦，最大公路速度可达95公里/时，最大行程为600~800公里；并具有水上行驶能力，浮渡速度为4.5公里/时。车长和驾驶员均在车体的前部。发射制导装置为升降式，位于发射车的顶部。发射时，由车内升起到发射位置，行军时下降到舱内。发射装置左、右两侧各挂一具定向架，每具定向架装两发筒装导弹，共有四发待发导弹。车内两侧装填装置上各装两具定向架，共存八发备用筒装导弹。射击后，可实施自动抛筒和再装填。该发射车装有大功率风冷、增压中冷柴油发动机，采用带同步器的多档机械变速箱、双管路气压制动系统、双横臂独立悬挂、非承载式驱动桥、轮间及轴间均装有可强制锁止的差速锁、整体式液压助力转向器、轮胎中央充放气系统和防弹轮胎等，可根据路面情况调节防弹轮胎气压，轮胎被枪弹击中后，尚能安全行驶100公里以上的距离。因此，该车具有较好的机动性和防护性能，不仅可以适应公路、山地、戈壁、高原等各种复杂路面的越野机动，而且具有涉水和浮渡性能，在松软、泥泞路面也可正常行驶，乘坐舒适、密封可靠。

车内配套设备包括：微光驾驶仪、车长显示器、通讯设备、三防装置、自动灭火装置、烟幕弹发射装置和辅助武器等。

（4）检测维修设备

检测维修设备集装在方舱中，以便于在战场环境使用和运输。其功能为快速检测和维修武器站。它采用先进的计算机硬件及智能化软件平台，多层窗口形式的人机界面，可将设备故障定位于可更换电路板和备件水平，并可完成更换和维修。

（5）模拟训练器

模拟训练器装备到了导弹连，配属于导弹班，用于射手练习瞄准、发射、跟踪目标等射击操作训练。模拟训练器应用计算机成像技术以及多媒体技术，声像逼真地模拟目标和背景。

"霹雳"

该弹是中国自行设计制造的新一代空空导弹，是具有大过载机动能力的格斗型空空导弹，以满足新一代战斗机的作战使用要求。由航空工业部所属洛阳光电技术发展中心和西安东方机械厂于1986年开始研制，1989年投入批生产，1991年

首次在巴黎国际航展上亮相。

该弹的气动外形布局与“霹雳”5乙（PL-5B）相似，即小双三角形鸭式舵面位于导弹前部，大梯形固定式弹翼位于导弹尾部，4片弹翼后缘外侧各带一个横滚稳定用的陀螺舵。该弹的结构布局与“霹雳”8（PL-8）相似，即将导弹分为前、后2个舱段，以利于维护使用，而不是按导弹各部件分为多个舱段。该弹的性能水平优于“霹雳”8，具有更好的自动搜索截获目标能力、更大的机动过载和离轴发射能力以及很高的毁伤目标的能力。

“霹雳”的基本战术技术性能：最大射程16千米，最小射程500米，最大速度M3.5，使用高度20000米，最大过载40克；制导系统：被动红外；引信：雷达引信；战斗部爆炸破片重：12千克；动力装置：1台固体火箭发动机；弹重123千克，弹长2.99米，弹径160毫米，翼展810毫米（含陀螺舱）。

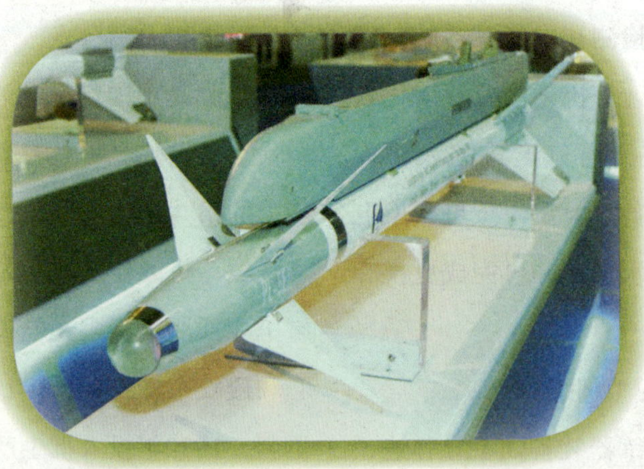

法国著名导弹

"飞鱼"

"飞鱼"导弹在世界上享有很高威望，被称为"海上杀手"。"飞鱼"导弹是法国研制的，据说是受飞鱼的启发而发明的一种空对舰导弹。

在热带海洋众多鱼种中，有一种会飞的鱼，这种鱼不仅在水中会游泳，还能在水面以上飞翔。它被"敌人"追赶时，就会跃出水面高达8～10米，以每秒钟18米的速度滑翔150至200多米距离，有时也会紧紧贴着海面超低空飞行。这种鱼就被称为"飞鱼"。

法国模仿飞鱼的超低空飞行研制了一种超低空掠海飞行的空舰导弹，用以避开雷达的监测。这种导弹发射后，会掠海面飞行，对方雷达很难发现，形似飞鱼飞行，因而叫作"飞鱼导弹"。主要装备在直升机、海上巡逻机和攻击机上，用以攻击各种类型的水面舰船，也

可从陆地、舰上和水下不同地点发射。导弹长4.7米，弹径0.35米，射程50～70千米，制导方式为惯性加主动雷达制导，战斗部为半穿甲爆破型，同时兼有破片杀伤能力，入射角为60°击中目标时，能穿透12毫米厚的钢板在舰内爆炸。飞鱼导弹曾在1982年的英阿马岛之战和1991年海湾战争中发挥了重要作用。

1970年1月开始设计第一枚发射试验。1982年英阿马岛之战中，阿根廷的“超级军旗式”飞机在躲过了英国“谢菲尔德号”驱逐舰的雷达观测，在距离目标45公里时投下了4枚AM-39“飞鱼”导弹。“飞鱼”导弹严格按照运载飞机的指挥飞行，在距离目标大约10公里的时候，自动由15米高度降到0.5～3米掠海面飞行，并开始由导弹自身的雷达装置导航而接近目标，一举击沉了被称为“皇家的骄

“飞鱼”导弹，并于1973年6月从“超黄蜂”直升飞机上进行首次傲”的英国现代化驱逐舰“谢菲尔德号”和大型运输船“大西洋征服

者号”，击伤了“格拉摩根号”驱逐舰。“飞鱼”导弹在大西洋大显神威。在两伊战争中，伊拉克从“超黄蜂”直升机上发射AM-39“飞鱼”导弹，也先后击沉了伊朗的一艘快速护卫舰和两艘巡逻舰。

“飞鱼”导弹身长4.09米，直径0.36米，翼长1.1米，在导弹中可谓身材小巧玲珑。它的身价仅仅是20万美元，然而它吃掉的却是价值2亿美元的巨大舰艇。特别是它击沉英皇家海军的“谢菲尔德号”驱逐舰后，顿时引起西方军事专家们的重视。同时把科学家们、特别是军事科学家们的目光引到军事仿生上来。

“西北风”

法国“西北风”防空导弹（Mistal Missile）是法国研制的近程防空导弹，用来对付1200米以下低空和超低空飞机，以及掠地面飞行的飞机。1980年研制，20世纪90年代用于装备部队。全武器系统由筒装导弹和发射架组成，弹径90毫米，弹重18千克，射程500~6000米，采用红外导引头。

美国著名导弹

“战斧式”

“战斧式”是美国空军地面机动式战略巡航导弹，代号BGM-109G，系战斧海基巡航导弹的陆基发展改进型。1988年生产截止，导弹成本价200万美元，计划总产量为560枚。现已在西欧共部署464枚。导弹武器系统由4辆运输-起竖-发射车、16导弹、2辆发射控制车、16辆辅助车和69名官兵组成。可空运。各发射单位平时部署在加固掩体中处于快速反应戒备状态。

“爱国者”

美国的“爱国者”导弹加快了在东亚地区布阵的脚步，摇动着“爱国者”导弹标牌，日本紧随美国导弹防御系统起舞。据日本《读卖新闻》披露，美军又将在日本冲绳美军基地部署3~4套“爱国者”-3型（PAC-3）反导系

统。之前，驻南韩美军已部署了一个装备有“爱国者”–3型地空导弹的防空旅。世人非常奇怪，日本官员对“爱国者”–3型导弹的迷恋为何到了发烧的程度。日本不单在部署“爱国者”–3，而且还获美国许可由三菱重工自行生产“爱国者”–3。日官方强调，这是日美两国合作发展导弹防御系统的核心计划。到2009年，日本入役的“爱国者”–3都来自三菱重工。

然而，三菱重工生产的“爱国者”–3的费用远高于直接从美国购买的“爱国者”–3。日本部署自产“爱国者”–3无疑要付出更高的代价。日本为什么要这样不计成本大甩钱？还是日本防卫事务副官守屋武昌的话说得直接：“爱国者”–3型导弹的生产技术对于日本安全保障不可或缺。它既可提高日本导弹制造领域技术水准，也利于提升使用中的维修能力。这就是说，日本的安全保障系在“爱国者”–3的按钮上。这便难怪日本要为“爱国者”–3发烧了。

美日合作推行的东亚战区导弹防御计划，其借口是为了应对北韩的射程超1000公里的弹道导弹。但其防御范围却从北海道奥尻岛海域到冲绳海域，连绵数千公里，驻横须贺基地的美军“宙斯盾”驱逐舰还要在广阔海域承担海上监视任务。日本今年部署的导弹防御系统包含陆基“爱国者”–3型导弹和海基“标准”–3型导弹。“标准”–3型导弹拦截射入大气层外最高点的弹道导弹，而“爱国者”-3型则用来摧毁躲过“标准”-3型导弹攻击的导弹。

许多武器都是攻防兼备的，只不过有的进攻性特点突出，有的防御性特点突出。正如最好的反导弹武器也是导弹一样，防御拦截能力很强的反导导弹也是进攻能力很强的导弹。这也是日本广布“爱国者”-3危及亚洲地区和平、引起亚洲人民担忧和不安的原因。“爱国者”导弹在冷战岁月出生。它的设计目标本来就是打高性能的飞机。而怎么打，是防御性地去打，还是进攻性地去打，那是冷战决策者的事。但“爱国者”导弹性能显示它具有进攻性能力。

“爱国者”的误杀显露了它的进攻性。在伊拉克战争中，“爱国者”制造了两起误杀事件。一起是它把英军的一架“旋风”战斗机击落。一起是一架从“小鹰”号航母起飞的F/A-18C“大黄蜂”战斗机正在战区巡航，却遭到“爱国者”攻击，顿时人机俱焚。美军至今仍不公布究竟是哪种型号“爱国者”惹祸，人们自然不会把“爱国者”-3排除在外。

“爱国者”-3导弹配置新的预警雷达具有360度全向扫描能力，最远探测距离达400公里，这使它具有引导其他中远程精确制导武器进攻的能力。它能同时捕捉和拦击多个低雷达截面目标，攻击飞机目标射程超过100公里，攻击导弹射程可达50公里。它采用直接撞击方式来阻击敌方导弹，可顺利引爆对方弹头。“爱国者”-3型每具发射架可装置16枚导弹，连续攻击力很强。

“鱼叉”

“鱼叉”反舰导弹为较小型的亚音速导弹，可一弹多用，节省研制经费。本身可用作空对舰、舰对舰或岸对舰的反舰导弹已有多种，但既可用作空对舰和舰对舰、又能用作潜对舰的反舰导弹目前还只有“鱼叉”一种。该导弹适应性好，可从多种发射平台发射，因此能大量装备部队，迅速形成战斗力。导弹发动机进气口潜隐弹体内，适合潜艇标准鱼雷发射。导弹水下发射运载器是一种无动力运载器，在水下运行无声音，隐蔽性好，不易被发现。该型导弹还具有很强的抗干扰能力。

“鱼叉”AGM- 84是美军目前主要的反舰武器之一，是由麦克唐

纳·道格拉斯公司研制的，1979年装备部队使用。这种高亚音速掠海反舰导弹有舰对舰和空对舰等型。其动力装置为一台涡喷发动机，因而它的射程较远，可达120千米。该弹长 3.84米，弹径0.344米，发射重量为522千克。制导方式采用中段惯性制导和末段主动雷达制导。弹头处装有一台抗干扰性能较好的宽频带频率捷变主动雷达导引头。近年来，又为这种导弹研制了一种红外成像导引头，两种导引头可互换。

“鱼叉”导弹发射前，由载机上的探测系统提供目标数据，然后输入导弹的计算机内。导弹发射后，迅速下降至60米左右的巡航高度，以0.75马赫数的速度飞行。在离目标一定距离时，导引头根据所选定的方式搜索前方的区域。捕获到目标后，“鱼叉”导弹进一步下降高度，贴着海面飞行。接近敌舰时，导弹突然跃升，然后向目标俯冲，穿入甲板内部爆炸，以提高摧毁效果。“鱼叉”导弹可用于攻击大型水面舰只、巡逻快艇、水翼

艇、商船和浮出水面的潜艇等，其单发命中概率为95%。

美国“鱼叉”RGM-84A舰对舰导弹是美国研制的一种全天候、远距离反舰导弹，又名“捕鲸叉”导弹，可从水面舰船和潜艇上发射，也可从飞机上发射。主要用于攻击出水潜艇、驱逐舰、大型战舰、巡逻艇、导弹快艇的商船等水上目标。

其主要特点是具有多用性、通用性和可靠性，各种飞机、舰艇上的发射架及鱼雷发射管都可发射。最大射程110千米，最小射程11千米，单发命中率可达95%。导弹长3.84米，弹径344毫米，主要由制导部、战斗部、发动机的尾舱段组成。

制导部装有雷达导引头、数字计算机、自动驾驶仪等，用于搜索、捕获和跟踪目标。战斗部为高能穿甲爆破型，可穿入舰内爆破坏目标。

“鱼叉”导弹系列中还有一种机载型，即AGM-84A空对舰导弹。该型弹长3.84米，直径0.34米，全弹质量522千克，最大射程110公里，巡航速度0.85倍音速。

“响尾蛇”

要说当今世界上数量最多的导弹可能就要数AIM9“响尾蛇”了，迄今为止各种型号的响尾蛇导弹已经生产了10多万枚，在世界几十个国家的军用飞机上可以看到其踪影。该导弹从1953年9月进行了首次试射后，种子不断，绵延不绝，一直处于更新改进之中，大概也算是所有空空导弹中的长命儿了。其主要型号有AIM9B、C、D、G、H、E、J、L、M等等。响尾蛇也是世界上第一种红外制导空对空导弹。早期的响尾蛇导弹发射的条件要求有些苛刻，空战的效果不是很好。

响尾蛇L/M属第三代空空导弹，性能提高非常大。全弹长2.87米，弹径0.127米，发射重量87千克，最大射程7千米，最小射程500

米，速度最快可达2.5马赫。据报道，在英阿马岛战争中，英国的“海鹞”战斗机使用AIM9L导弹与阿根廷的“幻影”战斗机作战，共发射27枚响尾蛇L/M，其中有24枚命中了目标。

AIM-9X是“响尾蛇”导弹系列中的最新改进型。这种新型导弹与“响尾蛇”的其他任何型号都不相同，它弹身细长，没有弹翼，只有4个很小的矩形尾翼。AIM-9X采用雷锡思公司和休斯公司研制的先进焦平面阵列导引头，具有很强的抗红外干扰能力和良好的在杂波条件下的目标采集能力，其离轴发射角大于90度。该弹有推力矢量控制系统，因此，它的机动飞行能力极佳。美国已用F-16飞机挂载AIM-9X成功地进行了越肩发射试验，即导弹离开发射架后，迅速爬升，接着掉头向后，从载机上方飞过，攻击尾追载机的敌方目标。

AIM-9L是美国吸取越南战争

的教训，于20世纪70年代初期开始研制的具有全向攻击能力的第三代“响尾蛇”空对空导弹，曾被誉为“超级响尾蛇”。AIM-9L的弹长为2.87米，弹径为0.137米，翼展0.63米，发射重量约为86千克，射程增大至18.5千米。最大速度增至M数2.5。

该弹的外形与AIM-9B相似，舱段布局与AZM-9D相同，而弹翼和陀螺舵则与AIM-9H一样。它与AIM-9B外形的最大区别是，弹头较尖、前舵面由三角形改为双三角形。其导引头采用氩制冷的锑化钢探测器，探测灵敏度较高，导弹能从前半球攻击目标，攻击角大于90度。

第六章　导弹界之传奇人物

人说，三百六十行，行行出状元。每行每业都有领先杰出的人物，导弹界也一样。全世界有很多成就突出的导弹科学家，他们在世界导弹技术的发展进步史上都占有各自重要的地位。比较著名的有钱学森、邓稼先、阿卜杜勒·卡拉姆等。中国的导弹研究起步虽晚，但是却涌现出了许多震惊世界的科学家。自新中国成立以来，钱学森、钱三强、邓稼先等著名的科学家都先后为中国导弹技术的发展做出了无法估量的贡献，使中国从一个备受欺凌的军事小国迅速成长为世界军事强国之一。可以说，没有这些科学家的努力，就没有今天的中国。他们的伟大成就使全世界为之震惊，也为世界导弹技术的发展做出了巨大的贡献。现在，这些科学家为中国培养了大批的优秀科学家，也给中国乃至世界的导弹研究留下了大量的珍贵资料，帮助后来的科学家继续推进导弹技术的发展。

中国导弹之父钱学森

生平简介

钱学森(1911.12.11–2009.10.31)，中国现代物理学家、世界著名火箭专家。

1911年12月1日，钱学森生于上海，3岁时随父来到北京，1934年毕业于上海交通大学机械工程系，1935年赴美国研究航空工程和空气动力学，1938年获加利福尼亚理工学院博士学位。1947—1955年间任麻省理工学院和加利福尼亚理工学院教授以及超音速实验室主任和古根罕喷气推进研究中心主任。1950年开始争取回归祖国，受到美国政府迫害，失去自由，历经5年艰难努力冲破重重阻力，于1955年10月回到祖国，1958年起长期担任火箭导弹和航天器研制的技术领导职务。曾任中国科学院力学研究所所长、第七机械工业部副部长、国防科工委副主任等职。钱学森还曾是全国政协副主席、中国科学院数理化学部委员、中国宇航学会名誉理事长、中国科

技协会主席。1959年，加入中国共产党。钱学森为中国火箭和导弹技术的发展提出了极为重要的实施方案。

科学成就

从1956年4月开始，钱学森长期担任火箭导弹和航天器研制的技术领导职务，对中国火箭导弹、系统科学和系统工程和航天事业的发展作出了重大贡献做出了巨大的和开拓性的贡献。钱学森共发表了7部专著，300余篇论文。他的主要贡献表现在以下几个方面：

（1）应用力学

钱学森在应用力学的空气动力学方面和固体力学方面都做过开拓性的工作。与冯·卡门合作进行的可压缩边界层的研究，揭示了这一领域的一些温度变化情况，创立了卡门-钱学森方法。与郭永怀合作最早在跨声速流动问题中引入上下临界马赫数的概念。

（2）喷气推进与航天技术

从20世纪40年代到60年代初期，钱学森在火箭与航天领域提出了若干重要的概念：在40年代提出并实现了火箭助推起飞装置（JATO），使飞机跑道距离缩短；在1949年提出了火箭旅客飞机概念和关于核火箭的设想；在1953年研究了行星际飞行理论的可能性；在1962年出版的《星际航行概论》中，提出了用一架装有喷气发动机的大飞机作为第一级运载工具，用一架装有火箭发动机的飞机作为第二级运载工具的天地往返运输系统概念。

（3）工程控制论

工程控制论在其形成过程中，把设计稳定与制导系统这类工程技术实践作为主要研究对象。钱学森本人就是这类研究工作的先驱者。

（4）物理力学

钱学森在1946年将稀薄气体的物理、化学和力学特性结合起来的研究，是先驱性的工作。1953年，

他正式提出物理力学概念，主张从物质的微观规律确定其宏观力学特性，改变过去只靠实验测定力学性质的方法，大大节约了人力物力，并开拓了高温高压的新领域。1961年他编著的《物理力学讲义》正式出版。现在这门科学的带头人是苟清泉教授，1984年钱学森向苟清泉建议，把物理力学扩展到原子分子设计的工程技术上。

（5）系统工程

钱学森不仅将我国航天系统工程的实践提炼成航天系统工程理论，并且在20世纪80年代初期提出国民经济建设总体设计部的概念，还坚持致力于将航天系统工程概念推广应用到整个国家和国民经济建设，并从社会形态和开放复杂巨系统的高度，论述了社会系统。任何一个社会的社会形态都有三个侧面：经济的社会形态，政治的社会形态和意识的社会形态。钱学森从而提出把社会系统划分为社会经济系统、社会政治系统和社会意识系统三个组成部分。相应于三种社会形态应有三种文明建设，即物质文明建设（经济形态）、政治文明建设（政治形态）和精神文明建设（意识形态）。社会主义文明建设应是这三种文明建设的协调发展。从实践角度来看，保证这三种文明建设协调发展的就是社会系统工程。从改革和开放的现实来看，不仅需要经济系统工程，更需要社会系统工程。

（6）系统科学

钱学森对系统科学最重要的贡献，是他发展了系统学和开放的复杂巨系统的方法论。

（7）思维科学

人工智能已成为国际上的一大热门，但学术思想却处于混乱状态。在这样的背景下，钱学森站在科技发展的前沿，提出创建思维科

学（noetic science）这一科学技术部门，把20世纪30年代中国哲学界曾议论过，有所争论，但在当时条件下没法讲清楚的主张，科学地概括成为思维科学。比较突出的贡献有以下三点：

第一，钱学森在20世纪80年代初提出创建思维科学技术部门，认为思维科学是处理意识与大脑、精神与物质、主观与客观的科学，是现代科学技术的一个大部门。推动思维科学研究的是计算机技术革命的需要。

第二，钱学森主张发展思维科学要同人工智能、智能计算机的工作结合起来。他以自己亲身参予应用力学发展的深刻体会，指明研究人工智能、智能计算机应以应用力学为借鉴，走理论联系实际，实际要理论指导的道路。人工智能的理论基础就是思维科学中的基础科学思维学。研究思维学的途径是从哲学的成果中去寻找，思维学实际上是从哲学中演化出来的。他还认为形象思维学的建立是当前思维科学研究的突破口，也是人工智能、智能计算机的核心问题。

第三，钱学森把系统科学方法应用到思维科学的研究中，提出思维的系统观，即首先以逻辑单元思维过程为微观基础，逐步构筑单一思维类型的一阶思维系统，也就是构筑抽象思维、形象（直感）思维、社会思维以及特异思维（灵感思维）等；其次是解决二阶思维开放大系统的课题；最后是决策咨询高阶思维开放巨系统。

（8）人体科学

钱学森是中国人体科学的倡导者。钱学森提出用“人体功能态”理论来描述人体这一开放的复杂巨系统，研究系统的结构、功能和行为。他认为气功、特异功能是一种功能态，这样就把气功、特异功能、中医系统理论的研究置于先进的科学框架之内，对气功、特异功能的研究起了重大作用。在钱学森指导下，北京航天医学工程研究所的研究人员于1984年开始对人体功能态进行研究，他们利用多维数据分析的方法，把对人体所测得的多项生理指标变量，综合成可以代表人体整个系统的变化点，以及它在各变量组成的多维相空间中的位置，运动到相对稳定，即目标点、目标环的位置。他们发现了人体的醒觉、睡眠、警觉和气功等功能态的各自的目标点和目标环。这样，就把系统科学的理论在人体系统上体现出来了，开始使人体科学研究有了客观指标和科学理论。

（9）科学技术体系与马克思主义哲学

钱学森认为，马克思主义哲

学是人类对客观世界认识的最高概括，也是现代科学技术（包括科学的社会科学）的最高概括，钱学森将当代科学技术发展状况，归纳为十个紧密相联的科学技术部门。这十大科学技术部门的划分方法，正是钱学森运用马克思主义哲学，特别是系统论对科学分类方法的又一创新。

教育思想

（1）学龄提前，学制缩短，人人皆可早成才

按照“大成智慧教育”的构想，儿童可以4岁入学，12岁初中毕业；12至17岁上高中及大学，完成“大成智慧”知识学习，再加

一年“实习”，学成一个行业的专家，写出毕业论文，成为大成智慧教育硕士。钱学森设想：到21世纪中叶，全中国的青年都可以18岁读完达到硕士水平的大学，成为社会有用的通才。这种学制的设计，以早出人才为旨归，适应了信息时代世界竞争形势的需要。

（2）掌握现代科学技术体系，培养理工文艺结合的“全才”

钱学森提出的“现代科学技术体系”包括所有通过人类实践认知的学问。按照目前知识体系的认识，可以暂分为11个部门，即：自然科学、社会科学、数学科学、系统科学、思维科学、人体科学、军事科学、行为科学、地理科学、建筑科学以及文艺理论等。

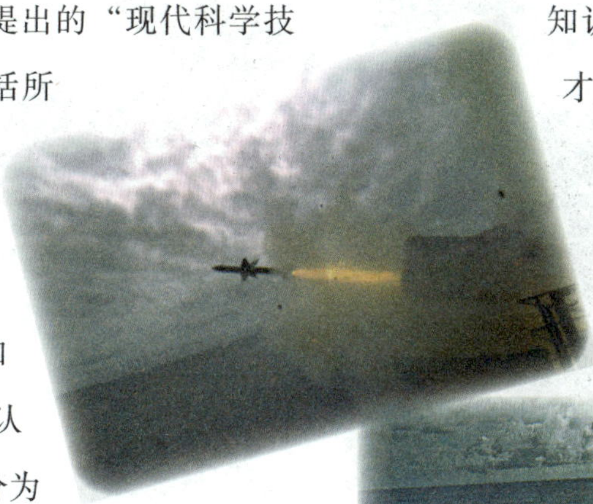

“这是个活的体系，是在全人类不断认识并改造客观世界的活动中发展变化的体系”。随着社会的发展、科学的进步，这个体系不仅结构在发展，内容也在充实，还会不断有新的科学部门涌现。相应地，教育要培养的人才应当：“第一，熟悉科学技术的体系，熟悉马克思主义哲学；第二，理、工、文、艺结合，有智慧；第三，熟悉信息网络，善于用电子计算机处理知识。这样的人是全才。”

在钱学森看来，“21世纪的全才并不否定专

家，只是他，这位全才，大约只需一个星期的学习和锻炼就可以从一个专业转入另一个不同的专业。这是全与专的辩证统一。这样的大成智慧硕士，可以进入任何一项工作。以后如工作需要，改行也毫无困难。当然，他也可以再深造为博士，那主要是搞科学技术研究，开拓知识领域。”同时，在纵向结构上，人类知识体系又可以区分为：基础科学、技术科学、应用技术三个层次（文艺理论的层次的划分略有不同）。三个层次之间是相互关联的。科学技术三个层次之间的关系与影响是双向的、统一的。又是相互渗透、相互促进的，在理论研究和工程实践中谁也离不开谁。而“哲学作为科学技术的最高概括，它是扎根于科学技术中的，是以人的社会实践为基础的；哲学不能反对，也不能否定科学技术的发展，只有因科学技术的发展而发展。”

（3）科学技术与哲学的统一结合，品德情感与智慧能力并重，培养高尚品德和科学精神。

钱学森一贯坚持把基础理论、技术科学、应用技术统一起来的考虑专业教学的内容。他提出要充分

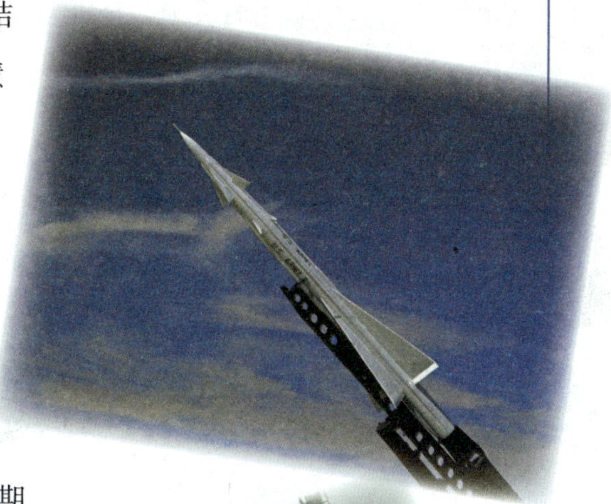

利用计算机、信息网络，人-机结合优势互补的长处。而大成智慧人才培养的关键，还在于学生的品德与精神。因此要靠伟大的科学精神和崇高品德的教育与熏陶，要靠自觉地追求真理的兴趣与激情，要靠人在与计算机优势互补中对知识的有效集成与积累，要靠在社会实践中长期的锻炼，才可能培养出真正高端的智慧人才。钱学森高度重视了哲学的意义：“一个科学家，他首先必须有一个科学的人生观、宇宙观，必须掌握一个研究科学的科学方法！这样，他才能在任何时候都不致迷失道路；这样，他在科学研究上的一切辛勤劳动，才不会白费，才能真正对人类、对自己的祖国做出有益的贡献。”

有一年，近代力学系的学生毕业考试，钱学森出了一题“从地球上发射一枚火箭，绕过太阳，再返回到地球上来，请列出方程求出解”。时至中午无人答出，“还晕倒了几个学生”，他说：“先吃饭吧，回头接着考。”饭后学生们重返考场，时至傍晚，全班只有几个学生及格。一场考试表明学生数学基础不牢，钱学森当时决定，全班推迟毕业，再学半年，主攻数学，打好数学基础。如今这个班里的很多学生成了院士，忆及当年，都觉得那半年获益匪浅。

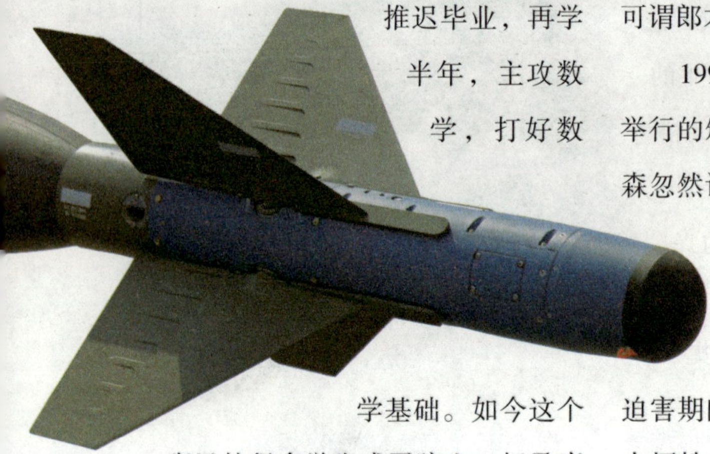

名人轶事

近代兵学泰斗、著名军事家蒋百里与著名科学家钱学森是翁婿。蒋百里的三女儿蒋英嫁给钱学森，可谓郎才女貌，天生一对。

1991年，中共中央在为钱学森举行的颁奖仪式接近尾声时，钱学森忽然话题一转，谈到了他的夫人蒋英：“我们结婚44年的生活是很幸福的。在1950年到1955年美国政府对我迫害期间，她管家，为此付出了巨大牺牲；蒋英是女高音歌唱家，她与我的专业相差很远，但，正是由于她为我介绍了音乐艺术，使我丰富了对世界的深刻认识，学会了广阔的思维方法……”钱学森对夫人一往情深的这一番话，得到在场人的热烈掌声。

钱学森与蒋英从小就认识。蒋英的父亲蒋百里是中国近代著名的军事教育家，他与钱学森的父亲钱均夫是同窗好友。1935年，钱学森赴美留学，蒋英也跟随父亲远赴欧洲，在德国柏林上学，两人虽然相隔万里，但相互的书信传情，更加深了两人的情感。

第二次世界大战结束后，蒋英到了美国，但二人都把事业看得比爱情更重要，当时，钱学森已经三十多岁，蒋英也有二十四、五岁，为了各自的事业，他们再次推迟了婚期，直到1947年，他们才在上海举行婚礼。

钱学森在美国受迫害的那些岁月中，家境状况很糟糕，作为大家闺秀的蒋英，毅然辞退了女佣，一个人包揽了所有的家务，从而也放下了她热爱的歌唱事业。正是这段时间，钱学森完成了他的著作《工程控制论》，这是他们的爱情结晶。

钱学森爱好音乐，尤其是在蒋英的艺术熏陶下，他对音乐艺术有了更深沉的感悟，也给他的科学事业增添了无比的色彩。共同的志趣，使两人的感情生活更加和谐温

馨、多姿多彩，也使他们的事业相得益彰。他们曾合作《对发展音乐事业的一些意见》一文，对中国音乐事业发展提出了他们的意见。

中国两弹之父钱三强

生平履历

钱三强（1913.10.16–1992.6.28），原名钱秉穹，1913年出生于浙江绍兴，父亲钱玄同是中国近代著名的语言文字学家。他少年时代即随父在北京生活，曾就读于蔡元培任校长的孔德中学，16岁便考入北京大学预科，1932年，又考入清华大学物理系。1936年，钱三强毕业后，担任了北平研究院物理研究所严济慈所长的助理。翌年，他通过公费留学考试，在卢沟桥的炮声响起之际，以报国之志赴欧洲，进入巴黎大学居里试验室做研究生，导师是居里的女儿、诺贝尔奖获得者伊莱娜·居里及其丈夫约里奥·居里。

1940年，钱三强取得了法国国家博士学位，又继续跟随第二代居里夫妇当助手。1946年，他与同一学科的才女何泽慧结婚。夫妻二人在研究铀核三裂变中取得了突破性成果，被导师约里奥向世界科学界推荐。不少西方国家的报纸刊物刊登了此事，并称赞“中国的居里夫

妇发现了原子核新分裂法”。同年，法国科学院还向钱三强颁发了物理学奖。

1948年回国后历任清华大学物理系教授，中国科学院近代物理研究所（后为原子能研究所）副所长、所长，中国科学院学术秘书处秘书长，二机部（核工业部）副部长，中国科学院副院长兼浙江大学校长，中国科协副主席、名誉主席，中国物理学会副理事长、理事长，中国核学会名誉理事长等。1955年被选聘为中国科学院院士（学部委员）。1956年参加中国第一次5年科学规划的确定，与钱伟长、钱学森一起，被周恩来总理称为中国科技界的“三钱”。

钱三强早年从事原子核物理研究，在“核裂变”方面成绩突出，是许多交叉学科和横断性学科的倡导者。他发现重原子核三分裂和四分裂现象，并对三分裂机制作了合理解释，深化了对裂变反应的认识。为中国原子能科学事业的创立和“两弹”研究，为中国科学院的组建和发展，特别是建立和健全学术领导，培养科学技术人才，开展国际学术交流，组织和协调重大科研项目等方面，作出了重要贡献。他是中国原子能事业的主要奠基人、杰出科学家，被誉为“中国原子能科学之父”、“中国两弹之父”。

主要成就

1948年夏天，钱三强怀着迎接解放的心情，回到战乱中的祖国。他回国不久就遇到1949年1月的北平和平解放，他在兴奋中骑着自行车赶到长安街汇入欢庆的人群。随

后，北平军管会主任叶剑英派人找到他，希望他随解放区的代表团赴法国出席保卫世界和平大会。中共中央还在极其困难的情况下拨出5万美元，要他帮助订购有关原子能方面的仪器和资料。看到共产党的领导人在新中国尚未建立时就有这种发展科学事业的远见，钱三强激动得热泪盈眶。从国外归来后，他在开国大典当天还应邀登上了天安门。

从新中国建立起，钱三强便全身心地投入了原子能事业的开创。他在中国科学院担任了近代物理研究所（后改名原子能研究所）的副所长、所长，并于1954年加入了中国共产党。1955年，中央决定发展本国核力量后，他又成为规划的制定人。1958年，他参加了苏联援助的原子反应堆的建设，并汇聚了一大批核科学家（包括他的夫人），他还将邓稼先

等优秀人才推荐到研制核武器的队伍中。

1960年，中央决定完全靠自力更生发展原子弹后，已兼任二机部副部长的钱三强担任了技术上的总负责人、总设计师。他像当年居里夫妇培养自己那样，倾注全部心血培养新一代学科带头人，在“两弹一星”的攻坚战中，涌现出一大批杰出的核专家，并在这一领域创造了世界上最快的发展速度。人们后来不仅称颂钱三强对极为复杂的各个科技领域和人才使用协调有方，也认为他领导的原子能研究所是“满门忠烈”的科技大本营。

晚年的钱三强身体日衰，但仍担任了中国科协副主席、中国物理学会理事长、中国核学会名誉理事长等职务。他一直关心中国核事业的发展，强调不仅要服务于军用还要供民用。1992年，他因病去世，终年79岁。国庆50周年前夕，中共中央、国务院、中央军委向钱三强追授了由515克纯金铸成的“两弹一星功勋奖章”，表彰了这位科学泰斗的巨大贡献。

名人轶事

1949年3月的一天，钱三强忽然接到一个通知，他要作为代表到巴黎出席保卫世界和平大会。钱三

强想：这次去巴黎开会如果能遇到约里奥·居里老师，请她代为订购一些原子核科学研究的仪器设备，以及图书资料该有多好。钱三强抱着试试看的心理，向代表团联系人提出，需要约20万美元。4天后，钱三强接到电话，请他到中南海。

在中南海，等候钱三强的是中央统战部部长李维汉，他热情接待了钱三强，并说："三强，你的想法很好，中央研究过了，决定给予支持。清查了一下国库，还有一部分美金，先拨5万美元供你使用……"听了李部长的话，钱三强心里久久不能平静，他埋怨自己太书生气。战争还没有结束，城市要建设，农村要发展，国家经济困难……哪有那么多外汇呢？

不久，钱三强拿到了为发展原子核科学事业的美元现钞，心中万分激动、兴奋。他深深地晓得这美元是经历了火与血的战乱，是刚刚从潮湿的库洞中取出来的，是来之不易的。

拿着这沉甸甸的美元，钱三强思绪万千，深深感到科学工作任重而道远。

中国科学院近代物理研究所成立后，钱三强先后担任了副所长、所长职务。

1955年1月14日，钱三强和地质学家李四光应周恩来总理召见来到了总理办公室。周总理听取了李四光介绍我国铀矿资源的勘探情

况，又听取了钱三强介绍原子核科学技术研究状况。周总理全神贯注地听完后，提出了有关问题。最后告诉钱三强和李四光，回去好好准备，明天毛主席和中央其他领导要听取这方面情况，可以带些铀矿和简单的仪器，做现场演示。

第二天，钱三强和李四光来到中南海的一间会议室，里面已经坐着许多熟悉的领导人，有毛泽东、刘少奇、周恩来、朱德、陈云、邓小平、彭德怀等。这是一次专门研究发展我国原子能的中共中央书记处扩大会议会议开始了，毛主席开宗明义：“今天，我们做小学生，就原子能问题，请你们来上课。”

李四光先讲了铀矿资源以及与原子能的关系。钱三强汇报了几个主要国家原子能发展的概况和我国这几年做的工作，并做了演示。大家看着实验，会场十分活跃。主席点上了一支烟，开始做总结：“我们的国家，现在已经知道有铀矿，进一步勘探，一定会找到更多的铀矿来。我们也训练了一些人，科学研究也有了一定基础，创造了一定条件。过去几年，其他事情很多，还来不及抓这件事。这件事总是要抓的，现在到时候了，该抓了。只要排上日程，认真抓一下，一定可以搞起来。”

会后，大家用饭，毛主席举起酒杯站起来大声说：为我国原子能事业的发展，大家共同干杯。

1959年6月26日苏联共产党中央来信，拒绝提供原子弹的有关资料及教学模型。8月23日，苏联又单方面终止了两国签定的新技术协定，撤走了全部专家，还讽刺：“中国人20年也搞不出原子弹，只能守着一堆废钢铁。”

讽刺变动成了动力，愤怒化作力量。中国科技工作者没有被吓倒。“自己动手，从头做起，准备用8年时间，拿出自己的原子弹”成了中国人民的誓言。钱三强作为原子核物理专家，和无数科学工作者一样，在困难面前没有低头，组织起数万名科学工作者及技术工人，向研制第一颗原子弹进军。

在苏联专家撤走后，周光召在国外召集数十名海外专家、学子，联名请求回国参战。他们归国后先后参与主持了理论的研究与实验研究工作。

为了研究一种扩散分离膜，由钱三强领导成立了攻关小组，经过4年的努力研究成功，成为继美、苏、法之后第4个能制造扩散分离膜的国家。同时成功地研制了我国第一台大型通用计算机，成功地承担了第一颗原子弹内爆分析和计算工作。

中国原子弹之父邓稼先

生平履历

邓稼先(1924.6.25–1986.7.29)，汉族，安徽省怀宁县人。西南联大物理系、美国普渡大学物理系博士、中国核武器研究奠基人。中国原子弹之父、两弹元勋、两弹之父。1935年，他考入志成中学，与比他高两班，且是清华大学院内邻居的杨振宁结为最好的朋友。邓稼先在校园中深受爱国救亡运动的影响，1937年北平沦陷后秘密参加抗日聚会。在父亲邓以蛰的安排下，他随大姐去了大后方昆明，并于1941年考入西南联合大学物理系。

1948年至1950年在美国普渡大学留学，获物理学博士学位，同年回国。1950年10月被分派到中国科学院工作。1956年加入中国共产党。历任中国科学院近代物理研究所助理研究员、原子能研究所副研究员，核工业部第九研究院院长（后来改名：中国工程物理研究院），核工业部科技委员会副主任，国防科学工业委员会科技委员会副主任，中科院数学物理学部委员，中国核学会第一、二届常务理事。邓稼先还

是中共第十二届中央委员。参加组织和领导我国核武器的研究、设计工作，是我国核武器理论研究工作的奠基者之一。从原子弹、氢弹原理的突破和试验成功及其武器化，到新的核武器的重大原理突破和研制试验，均做出了重大贡献。作为主要参加者，其成果曾获国家自然科学奖一等奖和国家科技进步奖特等奖。被称为“中国原子弹之父”（北京周报 Beijing Review 于1986年8月11日，封面英文报道，英文为：China's father of the A-bomb 中国原子弹之父。北京周报是中国国家英文新闻周刊，1958年在周恩来的关怀下创办，为中央级重点对外宣传刊物）。杨振宁写的《邓稼先》被选入2007版中学语文教材，让学生们到了领悟邓稼先独特的人格魅力!

主要成就

邓稼先是中国核武器研制与发展的主要组织者、领导者，被称为“两弹元勋”。

在原子弹、氢弹研究中，邓稼先领导开展了爆轰物理、流体力学、状态方程、中子输运等基础理论研究，完成了原子弹的理论方案，并参与指导核试验的爆轰模拟试验。原子弹试验成功后，邓稼先又组织力量，探索氢弹设计原理，选定技术途径。领导并亲自参与了

1967年中国第一颗氢弹的研制和实验工作。

邓稼先和周光召合写的《我国第一颗原子弹理论研究总结》，是一部核武器理论设计开创性的基础巨著，它总结了百位科学家的研究成果，这部著作不仅对以后的理论设计起到指导作用，而且还是培养科研人员入门的教科书。邓稼先对高温高压状态方程的研究也做出了重要贡献。为了培养年轻的科研人员，他还写了电动力学、等离子体物理、球面聚心爆轰波理论等许多讲义，即使在担任院长重任以后，他还在工作之余着手编写“量子场论”和“群论”。

邓稼先是中国知识分子的优秀代表，为了祖国的强盛，为了国防科研事业的发展，他甘当无名英雄，默默无闻地奋斗了数十年。他常常在关键时刻，不顾个人安危，出现在最危险的岗位上，充分体现了他崇高无私的奉献精神。他在中国核武器的研制方面做出了卓越的贡献，却鲜为人知，直到他死后，人们才知道了他的事迹。

邓稼先虽长期担任核试验的领导工作，却本着对工作极端负责任的精神，在最关键、最危险的时候出现在第一线。例如，核武器插雷管、铀球加工等生死系于一发的危险时刻，他都站在操作人员身边，既加强了管理，又给作业者以极大的鼓励。

名人轶事

（1）“许身国威壮河山”

“踏遍戈壁共草原，二十五年前，连克千重关，群力奋战自当先，捷音频年传。蔑视核讹诈，华夏创新篇，君视名利如粪土，许身国威壮河山，功勋泽人间。”——国防部长张爱萍

一次，航投试验时出现降落伞事故，原子弹坠地被摔裂。邓稼先深知危险，却一个人抢上前去把摔破的原子弹碎片拿到手里仔细检验。身为医学教授的妻子知道他“抱”了摔裂的原子弹，在邓稼先回北京时强拉他去检查。结果发现在他的小便中带有放射性物质，肝脏破损，骨髓里也侵入了放射物。随后，邓稼先仍坚持回核试验基地。在步履艰难之时，他坚持要自己去装雷管，并首次以院长的权威向周围的人下命令：“你们还年轻，你们不能去！”1985年，邓稼先最后离开罗布泊回到北京，仍想参加会议。医生强迫他住院并通知他已患有癌症。他无力地倒在病床上，面对自己妻子以及国防部长张爱萍的安慰，平静地说：“我知道这一天会来的，但没想到它来得这样快。”中央尽了一切力量，却无法挽救他的生命。

在邓稼先去世前不久，组织上为他个人配备了一辆专车——他只是在家人搀扶下，坐进去并转了一小圈，表示已经享受了国家所给的

待遇……

中国能在那样短的时间和那样差的基础上研制成“两弹一星”（原子弹、氢弹和卫星），西方人总感到不可思议。杨振宁来华探亲返程之前，故意问还不暴露工作性质的邓稼先说：“在美国听人说，中国的原子弹是一个美国人帮助研制的。这是真的吗？”邓稼先请示了周恩来后，写信告诉他：“无论是原子弹，还是氢弹，都是中国人自己研制的。”杨振宁看后激动得流出了泪水。正是由于中国有了这样一批勇于奉献的知识分子，才挺起了坚强的民族脊梁。

1948年，邓稼先怀着科学救国的理想，远渡重洋去美国留学，在普渡大学当研究员，仅用一年多的时间就获得了博士学位！有人劝他留在美国，但邓稼先婉言谢绝了。1950年10月，他怀着一颗报效祖国的赤子之心，放弃了优越的工作条件和生活环境，和二百多为位专家学者一起回到国内。一到北京，他就同他的老师王淦昌教授以及彭桓武教授投入中国近代物理研究所的建设，开设了中国原子核物理理论研究工作的崭新局面。1956年，邓稼先光荣地加入了中国共产党。

当时，中央决定，依靠自己的力量发展原子弹。当邓稼先得知自己将要参加原子弹的设计工作时，心潮起伏，兴奋难眠，这是一项多么光荣而又神圣的职业！但同时他又感到任务艰巨，担子十分沉重。

从此，邓稼先怀着以最快速度把事业搞上去的决心，把全部的心血都倾注到任务中去；首先，他带着一批刚跨出校们的大学生，日夜挑砖拾瓦搞试验场地建设，硬是在乱坟里碾出一条柏油路来，在松树林旁盖起原子弹教学模型厅；在没有资料，缺乏试验条件的情况下，邓稼先挑起了探索原子弹理论的重任。为了当好原子弹设计先行工作的“龙头”，他带领大家刻苦学习理论，靠自己的力量搞尖端科学研究。邓稼先向大家推荐了一揽子的书籍和资料，他认为这些都是探索原子弹理论设计奥秘的向导。由于都是外文书，并且只有一份，邓稼先只好组织大家阅读，一人念，大家译，连夜印刷。

为了解开原子弹的科学之迷，在北京近郊，科学家们决心充分发挥集体的智慧，研制出我国的“争气弹”。那时，由于条件艰苦，同志们使用算盘进行极为复杂的原子理论计算，为了演算一个数据，一日三班倒。算一次，要一个多月，算9次，要花费一年多时间，常常是工作到天亮。作为理论部负责人，邓稼先跟班指导年轻人运算。每当过度疲劳，思维中断时，他都着急地说：“唉，一个太阳不够用呀！”

为了让同他一起工作的年轻人

也得到休息，得到工作之余的稍许娱乐，他总是抽空与年轻人玩十分钟的的木马游戏。有一次，王淦昌教授看见了他们在玩这种游戏，老教授又好气又好笑，斥责说："这是什么玩法，你还做儿戏呀。" 邓稼先笑说："这叫互相跨越！"互相跨越，这是一种多么亲密的同志关系啊！正是靠着这种关系，邓稼先和同事们一起克服了一个个科学难关，使我国的"两弹研制"以惊人速度发展。

1964年10月16日，我国第一颗原子弹横空出世……1967年6月17日，我国第一颗氢弹威震山河。

1986年7月29日，邓稼先因癌症不幸逝世，享年62岁。人民将永远怀念这位被称做"两弹"元勋的这位我国核武器研制工作的开拓者和奠基者。

（2）"比一千颗太阳还亮"

1964年10月，浩瀚的戈壁滩上空升起了一团蘑菇云，中国第一颗原子弹爆炸成功。两年之后，第一颗氢弹又放出炫目的光芒。这曾使全世界为之震惊。人们都知道奥本

海默是美国的“原子弹之父”，萨哈罗夫是前苏联的“氢弹之父”，然而，中国的“两弹”元勋究竟是谁呢?

1986年6月，中国各大报纸均在首要位置介绍这位了不起的科学家：名字鲜为人知功绩举世瞩目“两弹”元勋——邓稼先。

1986年6月，中央军委主席邓小平签署命令，任命邓稼先为国防科工委科技委副主任。

邓稼先去逝之后，核工业部为表彰邓稼先20多年来为发展我国核武器做出的重大贡献，为使他那不计名利、甘当无名英雄和艰苦奋斗、舍生忘死的革命精神发扬光大，号召广大科技人员向他学习。邓稼先可歌可泣的优秀事迹，他那伟大的抱负和精忠报国的感人精神深深震撼着人们的心灵!

外国有一本书，题为《比一千颗太阳还亮》。而邓稼先献身的事业，却亮过一千颗太阳！他从34岁接到命令研制中国的“大炮仗”以来，告别妻子和两个幼小的儿女，隐姓埋名进入戈壁滩。20多年来，他和他的同事们没有任何人在报刊上占过巴掌大的版面。他们都把自己的姓名和对祖国、对人民的深爱埋在祖国最荒凉最偏僻的地方。人们常常忘记他们，只有当“大炮仗”的冲击波冲击各国地震监测站，引起世界一次又一次瞩目的时候，人们才想起他们的存在……

邓稼先去逝后，全国上下都为这位中华精英过早离开人世而感到悲痛。他的朋友们怀着无比悲痛、崇敬的心情献给他一支挽歌——《怀念邓稼先院长》：天府杨柳塞上烟，问君此去几时还？……实验场上惊雷动，江河源头捷报传。……不知邓老今何在？忠魂长眠长江畔。

国务院总理赵紫阳专程从外

地赶回北京参加邓稼先的追悼会，他说：“邓稼先同志是我国科技工作者的典范，是我国科技工作者的骄傲。”邓稼先的岳父、全国政协副主席、90高龄的许德珩老人在他送的大幅挽幛上这样悼念邓稼先：“稼先逝世，我极悲痛”。在地球的另一面，远隔万里重洋的杨振宁教授怀着无限悲痛的心情，给邓稼先的夫人许鹿希教授打来了唁电。

（3）邓稼先与杨振宁

杨振宁先生和邓稼先先生的确有着深厚的友谊，北京医科大学许鹿希教授撰写的《怀念稼先》中的第八节《半个世纪的友谊》的一段这样写到：

“文革”初期，氢弹爆炸了，但核武器的研制并没有到头。可在那个乌烟瘴气的年代，就连稼先他们核武器研究院也未能幸免。林彪、“四人帮”组织一些不明真相的群众把斗争矛头指向稼先等十几位理论部的负责人。稼先非常清楚地知道这时只要说一句违心的话，就会给中国的核武器事业带来巨大的损失，他顽强地顶着，处境很危险。正在此千钧一发之际，似乎苍天有眼，1971年杨振宁先生从纽约经巴黎飞

抵上海。下飞机后，开列了他要见的人的名单，名单上第一个就是邓稼先。这张名单很快传到中央，稼先立刻被召回北京会客。不久，在周总理亲自干预下，基地里暗无天日的局面结束了。

杨振宁先生当然不知道他们的这次会晤对邓稼先来讲有着多么重大的意义。

杨先生与稼先从小就有着深厚的情谊。他们两家的祖籍都是安徽，在清华园两家人又住隔壁。邓父邓以蜇和杨父杨武之是多年深交的老友。杨振宁教授的弟弟杨振平与稼先也很要好。少年时代的稼先与少年杨振宁总在一起打墙球，弹玻璃球，甚至还比赛爬树。上中学稼先和杨振宁都同在北平崇德中学，杨振宁比稼先高两级，后来他们两人又是西南联大的校友。解放前夕，稼先和杨氏兄弟又都赴美留学。获得博士学位后，稼先就与他们分开了，不过他们的友情却一直保持着。

自1971年以后，杨振宁先生多次回来访问、讲学。邓稼先与他总少不了叙旧聊天。有一次杨先生到我们家，他说想和稼先一起骑车去颐和园。为安全起见，这样的要求我们着实不敢答应他。还有一次，我们一道去北海仿膳，大家边吃边谈笑着，杨振宁对邓稼先说：“这回你可以吃饱了，想当年在美国留学的时候，你可是常常饿肚子的呀！”可不是嘛，邓稼先留学的时候，生活很艰苦，开始没有奖学金，吃饭不敢按饭量吃，只能按钱吃。有一段，他和洪朝生（现在科学院低温物理中心工作）合住在一位美国老太太的阁楼里，有一次他俩去吃饭，两份牛排端上后，邓稼先看了看，对洪朝生说：“我这块小，你那块大。”洪朝生就把自己那份给了邓稼先。……回想起这些往事，杨振宁与邓稼先都笑了。

后来，杨振宁多次送书给邓稼先，有《杨振宁论文选集》，有《读书教学四十年》等，都写着“稼先”或“稼先弟”存念。邓稼先60寿辰时，杨振宁特意送他一副国际象棋。邓稼先住院后，杨振宁到医院看他，并且为他找特效药。最后一次，杨振宁送给邓稼先一大束鲜花，这鲜花象征着两人永存的友谊。

1987年10月23日，杨振宁在宋健、周光召等陪同下来到八宝山公墓，祭奠与他有着半个世纪深情厚谊的挚友邓稼先。

深秋的北京，瑟瑟秋风给人们带来寒意。八宝山公墓在安放骨灰的灵堂外面庭院里搭起了一个灵堂，邓稼先的巨幅遗像前摆着杨振

宁送的花篮，缎带上写着“邓稼先千古杨振宁敬挽”。

杨振宁眼含热泪面对邓稼先的遗像肃立默哀，鞠躬悼念。

祭奠仪式结束后，邓稼先的夫人许鹿希女士按照邓稼先生前嘱托，向杨振宁赠送一套安徽出产的石刻文房用具，上面写着“振宁、致礼存念稼先敬留”。许鹿希女士深情地说，这套文房用具象征着邓稼先和杨振宁的乡情和友谊。

邓稼先是杨振宁的中学、大学同学，他为中国的核事业做出如此重大的贡献，然而，过去中国并没有在报刊重点宣传、表彰他。1986年6月，邓稼先病重期间，杨振宁去医院探望他。后来，杨振宁又向中央领导同志谈自己的看法，他认为中国早就应该把对中国、对国际有贡献的科学家介绍出来。

杨振宁非常敬重邓稼先，他说：“邓稼先是中国的帅才，他能得到中国领导人的绝对信任，也能得到群众的绝对信任，这是非常非常不容易的。”他又说：“中国高层人士选定他当领导者来研究原子

弹，这位人士是很有眼光的人。我认识邓稼先，又认识美国的奥本海默和泰勒。这三个人的个性都不一样。邓稼先随和、腼腆，又没有行政工作的经验。当初美国的格罗夫斯将军也聘任了没有行政经验的奥本海默当主持人，取得了事业上的成功。稼先的个性完全不同，是另外一种帅才。我收集了许多邓稼先的材料，我期待有一天有人能写篇有关邓稼先的传记，我希望传记能把他对中国的贡献详细表达出来。”

历史没有忘记他们！1987年中国人民解放军成立60周年，中央电视台播放了长达12集的电视片：《让历史告诉未来》。在第8集里，有这样的画面和解说：

1964年中国第一颗原子弹爆炸成功的壮丽场面展现在荧光屏上，欣喜若狂的中国人民、套红的《人民日报》号外……邓稼先先生的高大身躯也出现在荧光屏上。

……

1971年，当杨振宁得知，中国两弹全部是由中国人自己制造成的，他离开宴席走进了洗手间，那时他已是泪流满面了！

中国海防导弹之父梁守盘

生平履历

梁守盘（1916.4.13-2009.9.5），中国科学院学部委员，国际宇航科学院（IAA）院士，导弹总体和发动机技术专家，中国导弹与航天技术的重要开拓者之一。早年从事航空工程教育。50年代起从事导弹研制工作，在发动机技术和导弹总体技术上尤有建树。领导研制成功多种海防导弹，其中一种导弹武器系统被评为国家级科技进步奖特等奖，他是主要完成人之一。1994年获求是科技基金会杰出科学家奖。

梁守盘，1916年4月13日出生于福建省福州市。父梁敬錞早年曾任北洋政府司法部秘书，晚年担任台湾“总统府”国策顾问。童年的梁守盘在北京家中的私塾读古书和当时的小学教科书。1927年考入北京四存中学，后曾转学到天津南开中学、北京师大附中、上海沪江附中和上海光华附中，1933年6月高中毕业。当时“科学救国”、“工程救国”的呼声高涨，他立志钻研工程技术，考取清华大学机械系航空组，步入“航空救国”之路。1937年毕业，获工学士学位，随即到空军机械学校高级机械班学习。结业后目睹当时的主要装备都是美国货，且美国又提出对中国抗

日战争所需的武器装备要“现款自运”，更使他感到建立中国自己军事工业的必要性，只有自力更生才能摆脱它国的控制。1938年8月，赴美国麻省理工学院攻读航空工程，用了不到一年的时间获硕士学位。1940年2月，他放弃在美继续学习或工作的机会，毅然决定返回战火纷飞的祖国。

1940年2月至1942年8月，在昆明西南联合大学航空系和机械系任讲师、副教授。1942年8月至1945年8月在贵州航空发动机制造厂任技士、设计课课长。1945年8月，日本投降后，他到杭州浙江大学航空系任教授，1949年6月后任该系系主任。1952年9月，奉调到哈尔滨军事工程学院空军工程系，任教授、教授会（教研室）主任。1956年5月参加中国人民解放军，被授予上校军衔。

1956年9月调赴北京，先后担任国防部第五研究院研究室主任、设计部主任、研究所所长、分院副院长；1965年任第七机械工业部研究院副院长、七机部总工程师；1982年任航天工业部科技委副主任兼第三研究院科技委主任；1988年任航空航天工业部高级技术顾问；1993年后任航天工业总公司高级技术顾问。

梁守盘长期从事海防导弹的技术领导工作，曾作为技术负责人或总设计师，领导研制成功几种海防导弹，装备了部队。他还曾担任海防导弹系列总设计师，全面负责各海防型号导弹的技术工作。

2009年9月5日，梁守盘因病医治无效在北京逝世，享年93岁。

主要成就

梁守盘在科学技术上的成就与贡献，不仅表现在他的科技著作与论述上，更主要的是在从事导弹研制的实践中，以他渊博的基础理论知识、敏捷的思维和丰富的实践经验，把握着技术方向与技术途径；带领科技人员解决了多项技术关键；参与决策多种导弹的技术方案及其他重大技术问题；领导和参加了多种导弹的设计、试制、试验、生产和飞行试验，研制成功多种导弹，满足了部队装备的急需，使我国的国防力量得到了实质性的增强。

（1）胸怀科技救国志，迈出教书育人步。

1939年，年仅23岁的梁守盘获得了美国麻省理工学院航空工程硕士学位，本可以在美继续深造或工作，但他深深地怀念着灾难深重的祖国和处于水深火热中的四万万同胞，放弃了舒适、优裕的学习、工作环境，回到了祖国怀抱，开始他教书育人的生涯。

在近20年的教师岗位上，他兢兢业业、挥鞭执教，既严格要求，又循循善诱，旨在培养振兴中华的栋梁。时至今日，我国航空、航天等科技界的学者、专家还都清晰地记着这位师长的神采和风貌。他在繁忙的教学工作中，结合教学撰写了十余部讲义和其他论著，不仅为当时有关专业的教师、学生提供了教材和参考书，而且对从事有关专业的其他科技工作者，都有参考价值。

（2）对航天事业的创建作出了开拓性的贡献。

20世纪50年代末期，我国开始仿制从苏联引进的P－2液体近程弹道导弹。这在当时是一个全新的陌生的技术领域，他被任命为总体设计部主任，主持这一导弹仿制的总体技术工作，开展“反设计”，即按引进的P－2导弹的战术技术指标进行导弹设计，将设计计算的结果与引进的P－2导弹的数据进行比较，验证我们的理论分析、设计、计算是否正确，对有差别的地方进行分析研究，找出原因，有针对性地进行设计改进。通过这样的“反设计”，极大地锻炼和培养了我们自己的科技队伍，为独立自主地研制新型导弹奠定了基础。在仿制的过程中，遇到了一系列的技术关键和难题，但他矢志不移，坚信中国人行！例如：当时的苏联专家声称中国生产的液氧不能用于液体火箭发动机的氧化剂，他默默地进行分析计算，用事实证明中国生产的液氧可以把导弹送上天。1960年9月，用中国生产的液氧做氧化剂成功地发射了苏制的P－2导弹。后于1960年11月5日，我国仿制的第一枚液体近程弹道导弹发射成功，从而揭开了中国导弹事业的序幕。

国防部第五研究院创建初期，基本上没有设计制造导弹的设备和资料，只有几十位从大专院校和工业部门抽调来的专家和百余名当年毕业分配来的大学生，而且只有钱学森教授在国外参加过导弹、火箭设计与试验工作，可以说是白手起家。然而，创建者们没有气馁和退缩，而坚定地认为，外国人干成的事，中国人当然也能干成。他们围绕航空与导弹专业基础知识举办训练班。梁守盘担任训练班主任，并亲自登台重操旧业，讲授发动机专业的基础知识。这些都为后来的导弹研制工作发挥了作用。

梁守盘主张既要虚心地向苏联专家学习，认真消化、吸收苏联的技术资料和图纸，从中获取有益的知识；同时，又要对我们自己的工作充满信心，坚定不移地贯彻党中央、毛主席、周总理、聂荣臻副总理为国防部第五研究院制定的“自力更生为主，力争外援和利用资本主义国家已有的科学成果”的方针。关于弹上使用的环形气瓶，苏联专家认为中国当时没有冷轧钢，必须使用苏联的冷轧钢。梁守盘发现在环形气瓶成形过程中，要经过回火工序，这实际上已成了热轧钢。他据理向苏联专家提出采用中国热轧钢的建议，并得到了苏联专家的同意。经过实际使用证明，用中国热轧钢加工的环形气瓶完全符合要求。

在他担任发动机过程研究所所长期间，能否使用偏二甲肼作为燃烧剂成为当时争论的重大技术问题。苏联专家认为，用偏二甲肼作燃烧剂虽然可获得较高的比冲，但有剧毒，而且毒性是积累性的，使用偏二甲肼等于抱着老虎睡觉。他本着科学求实的态度，大胆地闯了这个“禁区”，他与军事医学科学院合作，在朱鲲教授的主持下，经过反复的分析研究和试验，终于得出科学的结论：偏二甲肼及其燃气虽有毒，但可以通过人体自身的代谢将毒性物质排出，因此是非积累性的中毒，并找到了解毒的特效药，从而闯开了偏二甲肼不能作为液体火箭发动机燃烧剂的“禁区”。尔后，又在梁守盘的带领下，研究出用偏二甲肼与煤油混

合，代替需用20公斤粮食才能提炼1公斤的混胺-02的办法，以此作为中、小型液体火箭发动机的燃烧剂，为国家节省了大量的粮食，其意义是十分重大的。

为研制更大推力的发动机，他提出可以不设计新的大型离心泵，而用几个离心式涡轮泵并联的设想。这一设想一提出，就遭到了苏联专家的反对，认为离心式涡轮泵不能并联，理由是两台泵的工作难以互相协调，会造成泵的工作负荷不平衡。他不迷信苏联专家的论断，对已有的离心式涡轮泵性能曲线进行分析，认为涡轮泵并联是可行的。他组织有关科技人员设计了两台泵的共同出口管路，然后在试车台上进行并联试验，试验前人为地造成两个涡轮泵流量和压力不平衡，试验结果是两台泵可以自动地达到平衡，证实这一技术方案设想是完全可行的，从而为大型液体火箭发动机涡轮泵系统的设计提供了一个新的技术途径。

在研制贮存液体火箭发动机燃烧剂硝酸和氧化剂过氧化氢容器的过程中，从国外引进的资料中记载，为满足耐高压、耐腐蚀的要求，要采用不锈钢材料，但当时国内不能生产，而国外又禁运，成为亟待解决的难题。梁守盘凭其长于思考和想象的独特之处，根据篮球双层结构的原理，提出了试制双层金属容器的设想，里层采用耐腐蚀性好的合金铝，外层用强度高、耐高压的钢材，试制成功高压容器；从而闯过了航天事业初创时期一系列技术难关。

（3）潜心致力，碧海献丹心，在海防导弹研制中贡献卓著。

梁守盘长期担任海防导弹研

究院副院长，分管技术工作，他提出了一系列关于这类导弹的发展规划，并主持和组织研制成功亚音速、超音速、小型固体三个系列岸对舰、舰对舰、空对舰多种海防导弹，有的导弹还多次参加国际防务展览，受到了好评。特别是在被人们称为“中国飞鱼”的C 801超音速固体反舰导弹的研制中，他不仅带领科技人员解决了多项技术关键，还排除了飞行试验中出现的故障，以泰山压顶不弯腰和不达目的不罢休的韧劲，历尽艰辛和坎坷，终于研制成功了这一超音速导弹武器系统，获得国家科技进步奖特等奖。

采用冲压发动机作为动力装置的低空超音速反舰导弹C 101的研制过程，更是曲折和荆棘丛生。早在1963年，正值一些发达国家有人主张停止冲压发动机研制工作之时，他和他的同事提出了继续开展冲压发动机研制工作的建议。这对当时刚刚起步的中国导弹事业来讲，不能不说是一个大胆的设想。梁守盘分析了发动机技术发展的趋势，认定冲压发动机对导弹与航天事业是大有用处的。他针对那种认为“连技术先进的美国都在收缩下马的项目，我们中国就更不具备条件”的观点，据理力争，幽默地谈到：“穆罕默德并没有说过要造汽车，而伊斯兰教的教徒不是照样造

汽车、坐汽车吗？”正是由于他和他的同事们的坚持，最后领导决定将冲压发动机列入研制计划。几经艰苦奋斗，采用冲压发动机的低空超音速掠海飞行的导弹C 101终于研制成功。在法国巴黎博览会上被誉为“最令人惊讶的低空超音速反舰导弹”。

作为科技工作的指挥员，他不仅提出技术方向和作原则性指导，而且对研制中的技术难点亲自进行分析和参加解决。有一次，某导弹在靶场进行飞行试验，连续三发都发射失败，试验现场的广大科技人员众说纷纭，一时分析不出产生故障的原因。梁守盘到了现场，详细地询问了飞行试验的有关情况，查看了发射架，并根据发射架的刚度试验数据进行了分析计算，斩钉截铁地提出：“把发射架前边锯掉1.2米，再把导流槽的底板尾段向下弯40°，然后进行发射。”接着他又讲述了有关发射架的刚性与弹性振动的有关问题。参试人员对此虽不大相信，但对他所提出的公式和计算又找不出什么破绽，人们将信将疑地执行他的决定。“实践是检验真理的唯一标准”，按照他的意见进行改进后，所进行的导弹飞行试验都取得了圆满成功。参试的广大科技人员无不由衷地佩服他的学识和实践经验。在这方面还可以举出一些例子，如：靶场光测数据的折射修正、导弹飞行中振荡问题等，他都绞尽脑汁，提出了颇有效果的解决办法。

现在，我国海防导弹已在独立自主的研制道路上迈出了坚实的步伐，形成了中国自己的特色，所研制成功的导弹的战术技术指标可以与工业发达国家同类导弹相媲美。这与梁守盘所付出的劳动与心血是分不开的。

（4）重视科技发展战略、规划的制订，注意积累科技管理经验

梁守盘不仅在科学技术上深有造诣，具有独立思考、科学严谨、敢于直言的治学态度，具有对导弹研制试验中的重大技术问题进行决策的才华；而且还十分重视航天科技工业发展方向、发展战略、发展规划和技术途径等的制订工作。早在1964年，他在当时国防部第五研究院三分院的干部大会上，作了《关于技术工作中的几个问题》的报告，阐述了技术工作中存在的认识问题及解决这些问题的意见，引起了很大的反响。聂荣臻副总理看了这篇报告后，亲自做了批示：“梁守盘同志的这篇讲话很好，提出了一些很现实、很具体、很生动的问题。……对我们科学技术工作的发展有重要的意义。……很值得提倡。”时至今日，他提出的科技人员的“三严”（严格、严密、严肃）作风的培养问题；设计中的继承性与先进性的关系问题；保证技术指挥线畅通等问题，都具有重要的现实意义。

梁守盘还多次提出关于航天科技工业管理体制和机构设置方面的建议；注意总结导弹型号研制

工作的经验教训，向领导陈述己见；亲自起草和修改了导弹研制程序；……。他的这些建议与意见，大多数都已被领导接受或采纳，在促进航天科技工业发展中发挥了积极作用。

20世纪80年代中期，他作为航天部科技委的副主任，曾分管航天科技工业2000年发展战略的制订工作，他以严肃认真和积极负责的态度组织了这一工作。这一工作的圆满完成，凝集着他的一份重要贡献。

近年来，他还十分重视研究航天科技工业的经济效益问题，较早地提出了导弹型号研制工作要搞经济核算和经济承包责任制，极力反对包盈不包亏的假承包，努力探索导弹工业增强经济实力的道路。

梁守盘作为一名老专家，难能可贵的是他从不隐瞒自己的观点，也决不去迎合某一观点，更不哗众取宠，称得上“实事求是、坚持真理、修正错误”的楷模。他的另一个特点就是从不推诿，属于自己范围内的工作，一定提出明确的意见，敢于决策、善于决策。现在虽已接近耄耋之年，仍孜孜以求地奋战在航天工业总公司高级技术顾问的岗位上，关心着航天科技工业的发展，为其兴旺发达而尽职尽责、献计献策。

前苏联反舰导弹之父切洛梅伊

在二战刚结束时，年轻的切洛梅伊就主持了OKB-51设计局进行巡航导弹的研究。然而，与拉沃契金及米亚西舍夫两大设计局极速3.2马赫、射程6500公里、重达10吨的战略巡航导弹相比，使用脉冲发动机的Kh-10计划只是战术小玩意而已。

从1947年开始，苏联的OKB-155设计局，也就是著名的米格设计局便指派亚历山大.I.贝列斯尼斯克（Alexander I.Beresnisk）设计一种喷气推进的巡航导雄KS-1Kometa。它安装了涡轮喷气发动机，因此比切洛梅伊的简易脉冲发动机有更好的射程。由于米格设计局党政背景相当雄厚，很容易争取到更多研发资源。1953年2月，苏联当局下令将切洛梅伊的OKB-51设计局整并到OKB-155设计局。然而，仅几个星期后，斯大林便突然辞世，而切洛梅伊的贵人——马

林科夫成为了苏联总理，这逆转了军工产业的政治态势。1954年，苏联航空局便替切洛梅伊在莫斯科近郊土希诺的第500号工厂成立了SKG-10特殊设计群。

年轻热情的切洛梅伊就此展开其导弹事业，他大胆地提出一项潜射巡航导弹计划，并获得了上级的赞许，因此在1955年8月，SKG-10特殊设计群改组成为OKB-52设计局。年轻的切洛梅伊再度拥有了自己的设计局，而且这次不会再轻易的失去它。

当时苏联海军已经有一种舰射型巡航导弹——Shchuaka，该项目一度被中止，后来又改称为P-1 KSShch（北约代号SS-N-1“扫帚”）而复出，并部署在少量56M型和57型驱逐舰上。该型导弹使用当时常见的无线电指令制导，目标信息由驱逐舰的雷达提供。这意味着尽管导弹本身航程可达185公里，但受制于舰载雷达与无线电不能跨地平线导引的缺陷，实际射程只有30~35公里。后继的KSShch-B改用主动雷达导引试图解决这个问题，并搭配了卡-15RC直升机提供超越地平线的目标探测能力，担任导弹与战舰之间的通信中继任务。然而由于机载雷达重量问题始终无法解决，卡-15Re直升机未能定型量产，KSShch-B项目也在20世纪

60年代宣告终止。

就在切洛梅伊提出潜射巡航导弹计划的同时，著名的航空设计局如米高杨、伊柳辛、Beriev等也在积极争取苏联红海军的订单。或许是切洛梅伊有过人的冲劲，或者是高层关爱的眼神，最后由OKB-52设计局的P-5型（北约代号SS-N-3A）导弹系统取得了海军的订单。值得注意的是，P-5指的是整个导弹系统，而导弹本身的代号则是4K-95。这说明了由于导弹从火控到导引需要多种设备的整合，唯有成为一个完整的系统才能发挥战力。1957年，P-5进行了首次试射，并在1959年交付了第1枚导弹，部署在改装过的613型（w级）柴电潜艇上。P-5使用固体助推火箭，平常可将弹翼收缩以收纳到发射箱中，发射后才展开，涡轮喷气发动机推进，最大速度可达1250公里，可攻击500公里外的陆地目标。早期型采用惯性导航，1962年推出的P-SD则使用较精确的多普勒导航及雷达调度针，并部署到659型核潜艇（E-I级）上。

可搭带RDS-4核弹头（爆炸当量200KNt）的P-5导弹成为苏联海军首种正式服役的巡航导弹，不过作为一种攻陆导弹，这表示苏联潜艇必须接近到美国海岸的500公里内才能发挥功效，这对当时苏联的潜艇而言几乎是不可能完成的任务。因此苏联海军替P-5找到了另一个更实际的目标：美国的水面舰艇战斗群。

P-6／P-35重型反舰导弹：如前所述，舰载机的航程是其终结舰炮时代的决定因素，因此反舰导弹要能够有效慑阻对手，就必须要有足够的射程。P-5反舰导弹可达到300公里射程，远超过当时的舰炮。虽然仍不足以在舰载机航程之外进行攻击，但考虑到超音速导弹超越当时舰载机拦截速度的特性，凭借速度与数量对航母战斗群进行突击，仍具有相当的技术优势。

然而，要将战斗部投射到航母并引爆，推进系统只能完成一半的工作，必须要有可靠的导引系统引导导弹命中目标，否则要以弹海攻击数百公里以外的航母所需要的投射平台与备弹，将是不合理的投资。早期的P-1导弹始终无法取得与导弹自身射程相配套的跨地平线导引能力。事实上，300~500公里的射程要求，即使是对现代的电子科技而言，也是相当高的。因为这意味着导弹必须飞越地平线，失去与载台的无线电直接连线，导弹不但需要具备独立搜索能力，而且中

途还需要间断的更新航线。然而，这还是只解决一半的导引问题，另一半的问题是火控系统如何发现目标并知道何时该发射导弹？由于地平线阻断了导弹与载台之间的无线电通信，同样也表示载台无法以雷达搜索到目标，因此在无法超越地平线探测到目标之前，导弹的射程仍然只是纸上的数字。针对导弹导引与火控超越地平线的困难，切洛梅伊设计局提出了相当大胆的解决之道。P-6／P-35导弹在发射后依靠助推火箭爬升到7000米高空，再由涡喷发动机加速到1.5马赫，并启动其主动雷达导引头（沿用自KSShch-B）搜索目标。由于高度优势，此时的反舰导弹等于是无人的“巡逻机”，其雷达图像实时传回发射母舰，使发射人员可透过导弹的“眼睛”看到地平线另一边的航母战斗群，从中挑选出重要的目标后，通知导引头锁定，则导弹便开始下降高度，维持超音速导向目标。在弹道末端，高度降至10~20米，以俯冲机动攻击战舰的水线下部分。

由于导弹发射后同时会将雷达影像传回发射母舰的特性，有传闻指出P-6／P-35也可能纯粹为了侦察目的而发射，但并没有足够的佐证资料。因此舰队仍然需要跨地平线的发射前侦察平台，苏联海军使用图-16RM与图-95RC两种大型侦察机执行该项任务，前者配备电子截收系统以监听美国航母战斗群发出的无线电或雷达信号，再转由后者的雷达进行追踪。追踪情报会通过数据链传送到675型潜艇上，由专门的火控系统来管制探测与发射。这些探测平台、通信系统与火控系统又组成一个更大的“系统的系统”，即：MRSC-1Uspekh。

P-5导弹的反舰型有三种型号：陆基型P-SS/SSC-1、潜射型P-6与舰射型P-35。1959年10月，P-6导弹率先试射，接着P-35导弹在12月试射。1963-1968年间，总共有8艘战舰装备了P-35导弹，包括4艘58型巡洋舰（肯达级）与4艘1134型巡洋舰（克里斯塔-I级），同期，装备P-6导弹各级舰艇则有16艘651型柴电潜艇（J级）及多达29艘的675型核潜艇（E-II级）。显然苏联海军相当满意P-6/P-35的性能。并认为比投资在攻陆巡航导弹上有用得多，1966年苏联海军装备P-5攻陆导弹的659型核潜艇全部退役。

20世纪70年代，P-6/P-35的作战指挥系统MRSC-1Uspekh也得到了更新。改进的Uspekh-U强化了电子截收系统的效能，并加入了卡-25/27直升机的支援。而MKRC Legenda系统则将探测平台扩展到苏联的US-A与US-P海洋监视卫星，675型潜艇为此加装了卫星接收天线。另外，后期的P-6D导弹可利用图-95的I波段雷达探测同标并传回母舰，以进行目标资料的中途

更新。P-7D改进型则加装了雷达高度计以精确维持攻击航道各阶段不同的高度需求。

由此可以发现，苏联的第1代反舰导弹不但具有相当先进的越地平线自动导引能力，而且还有近代相当流行的“Man-In-Loop”的人工确认能力，其设计理念超越其电子科技相当之多。事实上，在20世纪末“网络中心战”概念崛起之际，美国著名海军学者诺曼-弗里德曼（Norman Friedman）便认为这对苏联海军并不陌生。因为在40年对抗美国海军的冷战中，苏联海军早已领略到要在辽阔的海洋上猎杀航母，侦察是首要之务，而唯有大量运用的无线电网络，整合分散的侦察与火力，组合而成的“侦察-打击”系统才是可恃的作战兵力。

此外，苏联将大量的反舰导弹装备到潜艇上（1955年10月，赫鲁晓夫与国防部长朱可夫在塞瓦斯托波尔举行的国防会议上召集海军将领讨论海军未来发展方向。与会人士大都倾向于以潜艇和携载反舰导弹的轰炸机作为未来海军主力，轻型航母、大型导弹巡洋舰计划遭到否定。这个方向后来明确写入1959-1965年的国防《7年计划》。在其指导下，苏联海军虽保留了4艘肯达级巡洋舰，但63型核动力巡洋舰和85型航母计划被终止）。战后，潜艇在大战期间被配备雷达的反潜机所压制的局面被两项科技所改变，首先是659型核潜艇的服役；其次是反舰导弹射程远高于传统鱼雷，使潜艇可大幅拉开与反潜飞机及驱逐舰的距离，增加了反潜搜索的困难。由于反舰导弹的射程仍低于舰载机航程，潜艇进入舰载机外围作战半径的生存能力明显高

于水面舰艇，因此“潜艇+导弹”的结合，成为苏联海军最重要的反航母工具。

不过，受限于当时的科技，P-6／P-35在运用上仍有不少的问题。首先，第1波导弹发射后，需要8~12分钟的时间才能命中目标。由于导弹的雷达导引头需要控制员遥控，所以要命中后才能发射下一波导弹，而发射准备时间长达4~6分钟，因此要发射完6枚或8枚导弹，共需20~30分钟，这表示巡洋舰和核潜艇要长时间暴露在舰载机的作战半径内（核潜艇必须浮出水面才能探测与导引）。此外，受限于当时的类比电子技术，不管是主动雷达导引头或是雷达影像“转播”信号，都需要独占一个频道，否则便会彼此干扰。因此，同时间只能有3~4艘战舰或潜艇将12枚导弹发射到空中，考虑到美国航母战斗群可能有10数艘战舰，这12枚导弹又不可能全部命中目标，则要命中航空母舰的可能性相当低。虽然OKB-52设计局将雷达影像传回发射台，但考虑到雷达导引头的解析度有限，要能正确选中11标还是要运气。以苏联人的估计，如果配备核弹头的话，命中2~4枚就可重创航母战斗群，但如果使用传统弹头的话，一波攻击所造成的破坏微乎其微。

印度导弹之父阿卜杜勒·卡拉姆

有这样一位国家元首：他感情丰富，才华横溢，醉心文学、钟情音乐，可在他的生活中，却没有什么动人的情感故事；他富有爱心，深爱着他的祖国和人民，却孑然一身、终生未娶；他一生投身科学研究，淡薄功名，年届古稀却步人热闹的政坛，出任国家元首；他爱好广泛，少有禁忌，却是个素食主义者。他竞选总统时仓促上阵，却最终以绝对优势当选；他心地善良，平易近人，与人为善，却一生同武器打交道，信奉军事的威力，强调发展导弹技术、研发核武器，梦想将本国军队装备成世界上最强的军队。他在一首诗中曾这样阐述自己的梦想："焦躁不安的风中舞动着梦想，梦想要创造一个新世界，新世界由雷电般的火焰和力量托起!"他，就是印度现任总统阿卜杜勒·卡拉姆，一个有着传奇经历的政坛人物。

1931年10月15日，阿卜杜勒·卡拉姆出生于印度南部泰米尔纳德邦特努什戈迪的小镇拉梅斯瓦兰，这里位于从海岸线伸向斯里兰卡的触角的末端。卡拉姆的家庭十分普通，由于家境并不富裕，儿时的卡拉姆曾在一个印度圣城沿街叫卖报纸，赚钱补贴家用，为自己挣得学费。卡拉姆是家里最小的孩子，但从来没有得到过父母的特殊关爱。尽管出身贫寒，但宽松的家庭氛围，使卡拉姆养成一种无拘无束、吃苦耐劳的个性。

卡拉姆是在一个穆斯林聚居区长大的。他的父亲是村务委员会的领袖，未受过太好的教育，曾拥有几条小船，在当地河流码头间运送过往村民。早年的一场台风几乎毁坏了卡拉姆家的所有船只，父亲只能将就维持生计。卡拉姆的几个姐姐均没有机会完成学业，父亲曾一度供不起卡拉姆上学，是姐姐卖了自己的首饰送卡拉姆进了大学。卡拉姆从小就喜欢读书，他的长辈对此都记忆很深。谈起年少时的卡拉姆，他的兄长掩饰不住自豪："家里其他孩子都没有完成学业，他是我们家的第一个大学生。"

中学毕业后，卡拉姆进入蒂鲁吉拉伯力圣·约翰学院，获得理学士学位。1954年，他转到马德拉斯理工学院，专攻航空工程学，并以优异成绩获得博士学位。拿到航空技术博士学位后，卡拉姆到了班加罗尔的印度斯坦航空公司当实习生，学习飞机发动机的大修技术，开始了他的运载技术研究生涯。1963年，因为工作突出，他和其他23名精心挑选出的年轻工程师一起，来到刚刚组建的"印度空间研究组织"从事导弹研究。起初，他被分配到位于印度西南海岸一个渔村的研究基地，办公就在圣玛丽教堂里，结果祈祷室成了他的第一个实验室，牧师的房间权作了设计

室。即便条件如此艰苦，他在“印度空间研究组织”一干就是20年。

此后几十年，卡拉姆和他的工作伙伴们不断完成技术突破，到1980年，印度首次发射成SLV-3固体燃料火箭，卡拉姆当时担任这一科研项目的主任。1982年，卡拉姆从事国防研究与发展组织工作，任海德拉巴实验室主任、国家一体化导弹发展计划主任，开始了雄心勃勃的“印度导弹综合发展计划”，领导了地对地“烈火”中远程导弹、地对空“阿卡西”导弹和“纳格”反坦克导弹等小组的研究工作。在他的努力下，导弹研制成了印度国防科技领域最大的亮点。印度人引以为自豪的“大地”、“烈火”、“三叉戟”等一系列导弹的点火升空，为他赢得了“印度导弹之父”的美名。

日常生活中的卡拉姆非常普通，一头少有修饰的白发几乎齐肩，脸上常带着和善安静的笑容。据他同事说，在他的生活中，似乎从来就没有动人的情感故事。不过，熟悉卡拉姆的人都说，他似乎不需要爱情，因为他的脑子里只有导弹。卡拉姆的一位朋友说，卡拉姆曾讲：“如果我结婚，那么，工作上就连目前一半的成绩都做不了。”信仰伊斯兰教的卡拉姆还是个素食者，而且滴酒不沾。据他说，最初素食，是因为当时拮据的生活状态，到后来，经济宽裕了，但素食的习惯却保留下来。

卡拉姆的晚年，本该进入颐养天年的生活。2001年11月，卡拉姆激流勇退，在马德拉斯著名的安纳大学重新过上了平静的生活。然而，命运似乎跟这位70多岁的老人又开了一个玩笑。2002年，由于在很大程度上受到党派竞争和印巴局势的影响，当时的印度总理瓦杰帕伊领导的印度人民党看中了卡拉姆的广泛影响力，力邀他竞选总统，卡拉姆的人生道路因此多了一次转折。